KB039101

일상을 바꾼
클라우드 컴퓨팅

이 도서의 국립중앙도서관 출판예정도서목록(CIP)은 서지정보유통지원시스템 홈페이지
(http://seoji.nl.go.kr)와 국가자료공동목록시스템(http://www.nl.go.kr/kolisnet)에서 이
용하실 수 있습니다. CIP제어번호: CIP2017023774(양장), CIP2017023775(반양장)

일상을 바꾼
클라우드 컴퓨팅
Cloud Computing

나얀 루파렐리아 Nayan B. Ruparelia 지음
전주범 옮김

옮긴이의 말

세상이 눈부시게 변하고 있다. 산업사회의 마지막 무렵인 1990년대부터 수없이 들어왔던 유비쿼터스, 인공지능, 무인 자동차, 모바일 커머스, 빅 데이터 등은 이제는 전혀 생소하지 않은 일상적인 것이 되어버렸다. 세상의 변화가 신기하고 편하기도 하지만 종종 두려울 정도다. 통신, 메모리의 획기적 혁신과 함께 컴퓨팅에서는 클라우드 컴퓨팅이 이러한 변화를 이끄는 한 축을 담당하고 있다. 클라우드 컴퓨팅이 우리 일상에 깊이 들어와버린 지금도 대부분 사람들은 그 내용이나 활용 방안에 대해 생소해한다. 그러나 지식 산업사회에서 컴퓨터와 컴퓨팅의 역할을 감안할 때 무한정의 컴퓨팅 자원을 편리하고 값싸게 사용할 수 있는 클라우드 컴퓨팅이 미칠 영향은 엄청날 것임에 틀림없다. 발전된 기술만큼 세상 사람들의 인식도 발전해서 더욱 폭넓고 유용하게 활용된다면 그보다 더 바람직한 일이 없을 것이다.

저술의 내용을 문화와 언어 습관이 다른 나라의 말과 문화로 잘 풀어내는 일이 역자의 역할이라고 생각한다. 담백하고 평이하게, 그리고 원문의 내용을 군더더기 없이 우리말로 바꾸려고 노력했다. 또한 역자가 번역서들을 읽으면서 종종 느

껐던, 내용에 대한 몰이해를 없게 하고자 원문을 폭넓게 이해한 후 전체의 맥락 속에서 부분 부분을 풀어쓰려고 노력했다. 독자들이 읽기에 이상한 한국말이 없고 앞뒤가 맞지 않는 글이 없기를 바랄 뿐이다.

역자는 정보산업 분야에서 하드웨어를 만드는 일에 종사했고 산업의 미래 방향성에 큰 관심도 있었지만 기술에 대한 전문적 지식은 없었다. 이런 역자처럼 전문 지식이 없는 사람도 이해할 수 있도록 풀어쓴 책이니 많은 독자들에게 쉽게 읽히길 희망한다. 끝으로, 이 책을 번역하면서 실제로 유비쿼터스와 클라우드 컴퓨팅의 도움을 많이 실감했음을 밝히고 싶다.

2017년 9월

전주범

차례

머리말

클라우드 컴퓨팅이 무엇인지 아는 사람은 많지 않다. 이 주제에 관한 책과 논문이 수백 개나 되지만 클라우드 컴퓨팅을 실제로 이해하는 사람은 거의 없다. 어쩌면 이 말은 저자들에게도 적용되는 이야기일 수 있다. 왜냐하면 대부분의 책과 논문이 사용자 관점이 아닌 어려운 기술적 관점에서 클라우드 컴퓨팅을 논의하기 때문이다. 또 클라우드 컴퓨팅을 상품의 특징으로 내세우려는 수많은 사업들의 대대적인 광고 때문이기도 하다. 이렇기에 많은 혼란이 일어났다. 이런 상황은 새로운 기술이 등장할 때마다 일어나는 일상적인 것인데, 특히 패러다임의 대전환을 일으키게 되는 경우에 더욱 그렇다. 이 책의 목적은 대대적인 광고를 잘라내고 여러분이 클라우드 컴퓨팅을 어떻게 활용할 수 있는지 실제로 보여주는 것이다.

여러분은 자신이 투자한 사업에서 만든 클라우드 컴퓨팅에 대해 더 알기 원하는 투자자일 수도 있고, 클라우드 컴퓨팅을 이용하여 창업 회사가 더 빠르게 성장하기를 바라는 기업가일 수도 있으며, 클라우드 컴퓨팅과 관련된 사건을 다루는 변호사나 판사일지도 모르겠다. 또 새롭게 꾸미는 제품이나 서비스를 사용하려는 기술자, 클라우드 컴퓨팅이 전 세계적으로 사업에 끼치는 패러다임의 대전환을 이해하고 싶은 경영학도, 또는 이 제목에 관심이 있는 보통 사람들일 텐데, 이 책은 이와 같은 사람들을 위해 집필되었다. 이 책은 클라우드 컴퓨팅을 사용자 입장에서 이해할 수 있도록 언제 사용해야 하는지 또는 언제 사용하지 말아야 하는지, 클라우드 서비스를 어떻게 고르고 다른 클라우드 서비스나 전통적인 전산과 어떻게 결합할 수 있는지, 어떤 좋은 사용 방법이 있는지를 알도록 도움을 줄 것이다.

이 책에서는 세 가지 이유로 가급적이면 상업적 클라우드 컴퓨팅 서비스에 대한 언급이나 제안을 삼가려고 하는데, 그세 가지는 첫째, 자칫 이 책이 많은 클라우드 서비스 제공자의 광고가 된다는 것, 둘째, 빠른 속도로 변화하는 기술 산업의 특성상 사업자가 오늘 생겼다 없어지곤 한다는 것, 셋째, 이 책의 주목적은 사람들이 이러한 제안에 대해 좋은 결정을 할 수 있게 하는 개념을 제공하는 것이라는 점이다.

이 책은 기술 서적이 아니다. 비록 비전문가를 위한 책이지만 기술 전문가들도 이 책을 통해 클라우드 컴퓨팅의 커다란 영향과 고려 사항을 이해하게 되어 도움을 받을 수 있을 것이다. 그러므로 이 책을 읽기 전에 클라우드 컴퓨팅이나 관련 기술에 대한 사전 지식이 필요하지는 않다. 하지만 우리가 클라우드 컴퓨팅에 대한 용어와 이해를 공유하기 위해 이 책의 첫

장을 먼저 읽을 것을 강력하게 권유한다. 그러고 나서 그 뒤의 장들을 읽는다면 적잖이 유용할 것이다. 첫 장을 읽은 후에는 이 책을 어떤 순서로 읽어도 괜찮다.

먼저 1장은 클라우드 컴퓨팅의 개요를 보여준다. 클라우드 컴퓨팅의 정의와 그 정의의 각 구성 요소를 설명한다. 클라우드 컴퓨팅의 장점과 그것의 활용을 둘러싼 간단한 생각들을 보여준다. 그리고 클라우드 컴퓨팅의 가치 사슬에 참여하는 다양한 참여자들과 관계자들에 대해 이야기한다.

2장은 1장에서 소개한 개요에 기초해 클라우드 컴퓨팅의 형태를 추출 및 배치 모델로 설명한다. 각 모델의 구성 요소 특성을 필자가 개발한 클라우드 패턴과 클라우드 셀 Cloud Cell이 라는 새로운 개념을 이용해 비교한다. 이렇게 해서 어떻게 전문적 클라우드가 만들어지고 사용되어 특별한 사례에 적용되는지 보여준다. 클라우드 셀이라고 부르는 전문적 클라우드들 사이의 관계를 만들기 위해 객체 지향 설계Object Oriented Design: OOD의 개념을 빌려왔다. 그래서 클라우드 셀을 재사용하고 그들의 상호 관계를 정함으로써 다양한 용도를 위한 아주 다양한 클라우드가 만들어진다. 그리고 사용 사례로 끝을 맺는다.

3장에서는 '왜 클라우드 컴퓨팅인가', '어떤 이점을 제공하는가', '언제 사용해야 하는가', '사람과 일, 사회, 일상에 어떤 영향을 미치는가' 등의 질문을 던진다. 이 장에서는 개인 클라우드Personal Cloud와 사물 클라우드Cloud of Things 같은 다양한 개념을 논의한다.

4장은 3장의 좀 더 객관적인 버전으로, 특히 재무적 관점에서 살피고 있다. 이 장을 통해 클라우드 사업자들이 사용하는 다양한 가격 모델을 이해할 수 있을 것이다. 그것은 여러 클라우드 서비스와 사업자들로부터 확인한 가격과 가치를 비교하는 도구이다.

5장에서는 보안과 관할권을 논의한다. 보안 위반에 관한 여러 소식이 들리는 상황에서 이 주제가 중요할 수 있지만, 클라우드 컴퓨팅을 생각할 때는 더욱 중요해진다. 보안 용기, 관찰, 자료 무결성, 자료 손실 방지, 자료 프라이버시 보호, 자료 독립권, 법률과 규정 준수 등을 논의한다. 그리고 이 장의 끝에는 업계에서 전문가들이 사용하는 일상적인 보안 용어가 실려 있다.

6장부터 9장까지는 2장에서 개념으로 소개된 것들의 모범 사용 사례들을 보여준다. 모범 사례는 다양한 추출 수준으로 논의되는데, '기반 시설과 플랫폼', '소프트웨어', '정보', '사업과정' 등이다. 이 네 장은 구성이 똑같은데, 모범 사용 사례가 각 추출 수준별로 논의되고 SWOTStrength, Weakness, Opportunity, Threat 분석과 핵심 요점으로 되어 있다.

10장은 클라우드로의 이행을 다룬다. 클라우드를 사용하기로 한다면 전통적 방식에서 클라우드 서비스로 바꾸는 가장 좋은 방법은 무엇인가? 이 장은 사용 모델, 상호 작동, 핵심 성공 요인, 그리고 클라우드 완숙도 모델을 통해 핵심 질문에 답한다.

'미래 전망'이라고 제목이 붙은 11장은 클라우드 컴퓨팅의 미래와 관련이 있는 신기술과 주변 기술에 대해 논의한다. 클라우드 서비스 거래소(클라우드 교체와는 다른)와 사물 클라우드 같은 새로운 개념이 이 장에서 소개된다.

마지막 12장에는 클라우드 컴퓨팅과 신기술 일반으로부터 사회가 어떤 영향을 받는지 필자가 생각하는 사회의 여러 가지 면에 대한 개인적 의견을 담았다. 올더스 헉슬리Aldous Huxley의 『다시 찾아본 멋진 신세계Brave New World Revisited』와 에드워드 버네이스Edward Bernays의 『프로파간다Propaganda』에서 설명된 경향과 관행을 이용해 기술이 영향을 미치는 사회적·사업적·개인적 상황에 대한 필자의 생각을 밝힌 것이다.

책의 말미에는 클라우드 컴퓨팅에서 쓰이는 주요 용어에 대한 해설이 수록되어 있다.

감사의 말

이 책을 쓰는 데는 오랜 기간이 걸렸다. 직장에서 필자의 책임이 늘고, 원고를 쓸 수 있는 저녁이나 주말이 거의 없을 정도로 업무량이 많아진 탓에 1년이 그냥 지나가버렸다. 큰 재앙이 닥친 건 원고의 90%를 끝냈을 때였는데, 컴퓨터 디스크를 개선하는 과정에서 필자의 어리석은 실수로 전체 원고를 잃어버렸다. 심지어 엄청난 하드웨어 중복에도 불구하고 만들어놓은 네트워크 접속 저장Network Attached Storage: NAS 서버에서 말이다. 이 아킬레스건은 바로 백업과 복구를 위해 사용하는 소프트웨어였다. 여하튼 원고의 대부분을 다시 써야 했다. 연습은 완벽함을 만들어내므로 두 번째 원고가 첫 번째 것보다 훨씬 좋아졌다고 믿는다. 백업 복구 사건은 사실상 백업과 복구 과정을 쓰도록 만들었고(부록 참조), 이와 같은 일이 당신에게는 일어나지 않을 것이다. 모든 과정 동안 출판사, 특히 마크 로웬탈Marc Lowenthal과 매리 리Marie Lee는 나를 굳게 지원해주었다. 이들의 믿음과 인내가 없었으면 이 책은 빛을 보지 못했을 것이다. 또한 이 책의 질을 향상시키는 데 도움을 준 캐슬린 헨슬리Kathleen Hensley, 데버러 캔터애덤스Deborah Cantor-Adams, 낸시 울프 코타리Nancy Wolfe Kotary에게도 감사를 전한다.

1

들어가기

컴퓨터로 일하는 일상적인 날을 떠올려보자. 가장 많이 사용할 때 과연 얼마나 많은 컴퓨터 자원을 이용할까? 대부분 사람들은 프로세서의 10%, 메모리의 60%, 통신망 대역폭의 20%를 사용한다(이 수치는 제일 많이 사용할 때이고 평균적인 사용량은 아주 적다). 그런데도 컴퓨터를 살 때 모든 자원비용의 100%를 미리 지불한다. 네트워크 비용 역시 특성이 같은데, 인터넷 서비스 업체Internet Service Providers: ISPs이 최소한 1년의 약정 기간을 강요하기 때문이다. 일터에 이렇게 명목적인 수준으로만 이용되는 수백, 수천의 컴퓨터가 있다고 가정하면, 쓰지 않는 회사 컴퓨터의 모든 컴퓨팅 자원을 모아서 잘 활용하는 것이 더 좋지 않을까? 그렇게 해야 회사는 돈을 제대로 쓰는 것이 된다. 이와 마찬가지로 최소 사용량만 쓰는 웹 서버, 응용 프로그램 서버, 데이터베이스 서버 같은 수많은 서버들을 갖고 있는 데이터 센터에 대해서도 같은 생각을 해보자. 이곳 역시 하드웨어 자원을 통합하고 서버 간에 공유하도록 하면 더 효율적으로 활용할 수 있다. 그렇게 하지 않는 경우에는 〈그림 1〉에서 보듯이 어쩌다 사용하는 컴퓨터 자원에 미리 한꺼번에 투자하게 된다. 쓰지 않는 여분의 통합된 자원은 회사 네트워크를 통해 회사 내의 다른 사람들이 이용하게 할 수 있다. 거꾸로 당신의 회사가 제3자를 컴퓨터 자원의 제공자로 지정하면 인터넷을 통해 그들의 자원에 접근할 수 있다.

그림 1 **클라우드 컴퓨팅이 해결하는 투자 문제**

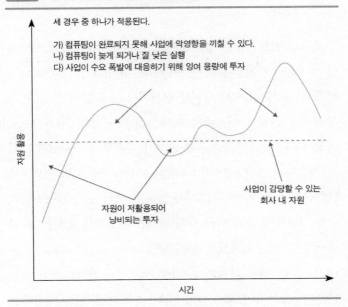

세 경우 중 하나가 적용된다.

가) 컴퓨팅이 완료되지 못해 사업에 악영향을 끼칠 수 있다.
나) 컴퓨팅이 늦게 되거나 질 낮은 실행
다) 사업이 수요 폭발에 대응하기 위해 잉여 용량에 투자

자원 활용

사업이 감당할 수 있는
회사 내 자원

자원이 저활용되어
낭비되는 투자

시간

만약 회사 또는 부서가 쓰고 있는 컴퓨팅 자원에 대해서만 비용을 지불한다면 어떨까? 그러면 컴퓨터를 살 때 미리 자본비용에 투자할 필요가 없으며, 그 대신 사용량만큼 지불하는 대금 청구 방식으로 서비스 업체와 계약하면 된다. 이렇게 하면 당신의 회사는 컴퓨터 비용을 자본비용-Capital Expenditure: CapEx 이 아닌 운영비용-Operating Expenditure: OpEx으로 바꿀 수 있다. 이 것이 바로 클라우드 컴퓨팅이다.

클라우드 컴퓨팅의 정의

오늘날 정보기술은 집과 직장에서 유비쿼터스하게 되었지
만 아직은 초창기일 뿐이며, 가장 최신의 정보 혁신 중 하나인
클라우드 컴퓨팅 역시 아직은 형성기에 있을 뿐이다. 기술 형
성기에는 관심이 넘쳐나서 지나치게 마련이다. 결과적으로
기술자부터 판매원에 이르는 모두가 클라우드 컴퓨팅과 그다
지 비슷하지 않은 것까지 (흔히 과장되어) 클라우드 영역으로
간주하고 떠들게 된다. 그래서 혼동이 생기기 시작하고 클라
우드 컴퓨팅에 대한 여러 가지 정의가 나오기까지 되었다. 가
장 좋은 정의는 미국표준기술연구소National Institute of Standards and
Technology: NIST에서 나왔는데, 미국 상무성의 산하기관인 표준
기술연구소는 산업체와 함께 기술, 측정, 표준 등을 개발하고
적용한다. 클라우드 컴퓨팅에 대한 미국표준기술연구소의 정
의는 다음과 같다.[1]

클라우드 컴퓨팅은 서비스 제공자의 최소한의 관리 노력 또
는 개입만으로도 신속하게 준비되어 사용할 수 있으며, 공유·
조합할 수 있는 컴퓨터 자원(통신망, 서버, 저장소, 응용 프로그
램, 서비스 등)에 유비쿼터스하게, 편리하게, 필요에 따라 접속
이 되도록 하는 모델이다. 이러한 클라우드 모델은 컴퓨터의 활

용성을 높이는데, 다섯 가지 필수 특성과 세 가지 서비스 모델, 그리고 네 가지 배치 모델로 구성되어 있다.

미국표준기술연구소의 정의는 이 장에서 곧 살펴볼 세 가지 서비스 모델과 관련하여 더 개정될 필요가 있지만, 현재까지는 가장 좋은 정의이다. 이러한 미국표준기술연구소의 정의로 클라우드 컴퓨팅의 핵심 특성, 활용 모델, 서비스 모델을 하나하나 설명해갈 것이다.

클라우드 컴퓨팅의 특성에 대해 구체적으로 들어가기 전에 클라우드 컴퓨팅의 기본을 구성하는 두 가지 중요한 기술에 대해 알아보자. 첫째는 기술적 관점에서 가상화 기술이고, 둘째는 개념적 관점에서 클라우드 서비스이다.

가상화

클라우드 컴퓨팅은 가상화 기술에 의존하고 있으며, 기본적인 가상화 기술로는 서버 가상화와 응용 프로그램 가상화가 있다. 먼저 응용 프로그램 가상화는 한 기계에 있는 응용 프로그램을 많은 사용자가 쓸 수 있게 한다. 응용 프로그램은 고급 사양의 가상 기계에 연결된 클라우드에 들어 있는데, 많은 사용자가 접속할 수 있어 그 비용이 사용자들에 의해 분담된다. 이리하여 최종 사용자에게 전달되는 응용 프로그램의 가격이 저렴해진다. 최종 사용자는 응용 프로그램을 사용하기 위해 고급 사양의 기계를 둘 필요가 없다. 즉, 낮은 사양의 워크스테이션 또는 단말기 같은 값싼 기계로 충분히 이용할 수 있다. 그리고 가상 응용 프로그램에서 사용된 자료가 클라우드에 저장된다면 사용자는 그 응용 프로그램을 쓰거나 자료에 접속하는 데 어떤 기기나 장소에도 묶일 필요가 없다. 대부분의 경우 가상 응용 프로그램은 모바일 응용 프로그램 또는 인터넷 브라우저를 통해 사용된다.

서버 가상화는 일반적인 하드웨어(네트워크, 저장소 또는 컴퓨터)를 사용한다. 한 개의 호스트 기계에는 수많은 가상 기계가 연결되어 있어 하드웨어 하나가 여러 기계들을 움직이는 데 이용된다. 가상 기계들은 각자의 운영체제Operating System와 응용 프로그램을 지닐 수 있다. 즉, 가상 기계들 간에는 운영체제와 응용 프로그램이 같을 필요가 없다. 서버 가상화는 비용 절감이 큰데, 많은 수의 기계를 통합하여 적은 수의 기계로 줄일 수 있으며, 이러한 적은 수의 기계가 가상 기계들의 호스트가 된다. 이 같은 전산의 효율화를 통해 공간, 유지·관리, 냉방, 전력과 기계 구매 비용을 확실히 줄일 수 있다. 또 적은 수의 기계와 낮은 전력비는 친환경적이다.

가상 기계들이 통합되고 그것들이 켜지고 꺼질 때 순간적으로 작동된다면 필요 자원의 규모를, 늘거나 줄어드는 수요에 따라 연동하여 바꿀 수 있다. 공유 풀 내의 가상 기계 수를 이렇게 순간적으로 변화시키는 것을 탄력성이라고 하는데, 이러한 탄력성은 서버 가상화에 의한 비용 절감을 가능하게 만든다.

그럼 가상화와 클라우드 컴퓨팅의 차이는 뭔가? 미국표준기술연구소의 정의를 통해 클라우드 컴퓨팅의 특징을 알아보면 수요에 따른 셀프서비스, 빠른 탄력성, 서비스 양의 측정 등이 있다. 이것들은 가상화에 의해 당연히 만들어지는 것이 아니다. 가상화는 이런 기능들이 작동되도록 하는 기술이지만 많은 추가 기능이 필요한데, 보고서 작성, 대금 청구, 수요 관리, 다양한 사업 과정 같은 것들이다. 실제로 클라우드를 배치하려면 어떻게 서비스를 표준화할지, 단순한 포털을 통해 어떻게 활용할 수 있게 할지, 사용량 및 비용 정보 추적은 어떻게 할지, 여유량 측정, 수요와의 조화, 보안망 제공, 즉각적인 보고서, 사용량을 근거로 한 비용 청구 방식 등을 준비해야 한다. 다른 식으로 보면 가상화 그 자체는 서비스가 아니다. 이 기술은 다른 도구 및 과정과 함께 사용되어 서비스 형태의 기반 시설을 만들어낸다.

클라우드 서비스

클라우드 서비스라는 서비스의 구성을 회계 법인의 예를 통해 살펴보자. 당신의 회계장부를 관리하기 위해 회계 법인을 지정한다고 하자. 그 회계 법인을 선택하는 주요 평가 기준을 생각해보면 다음과 같다.

1. 회계 법인의 진실성과 명성(회계사가 정확하기를 바라지만, 당신의 회계 자료가 세상에 공개되지 않기를 바란다)
2. 회계 자료 작성의 신속성, 그리고 세금 절감(당신이 받을 혜택)
3. 회계사의 수수료(혜택을 실현시키는 비용)

아마 당신은 회계 자료를 만드는 데 쓰는 직원이 몇 명인지, 사용하는 소프트웨어는 뭔지, 그 소프트웨어가 설치된 컴퓨터는 뭔지에 대해서는 관심이 없을 것이다. 그 회계 법인의 서비스와 제공받는 혜택에만 관심이 있을 것이다. 이 서비스 혜택은 당신과 회계 법인 사이의 계약, 즉 문서 또는 구두 합의로 이루어지고, 이 계약은 서비스 수준 계약서 Service Level Agreement: SLA라고 불린다.

정보기술에서 서비스란 전산 시스템, 부분품, (사용자에게 가치를 제공하기 위해 작동하는) 자원의 종합이다. 제공받은 가치를 측정하고 합의하기 위해서는 두 가지 변수가 쓰이는데, 이처럼 서비스 평가를 위해 이용되는 두 변수는 비용과 서비스 수준 계약이다. 서비스 수준 계약이란 원래 사용자와 제공자 간에 맺는 계약으로, 서비스를 얼마나 빨리(언제) 전달하는가, 어떤 품질로(무엇을), 그리고 어떤 범위(어디서, 얼마나 많이)로 제공하는가를 정하는 것이다. 이 변수들은 서비스 사용자에게 제공되는 혜택임을 주목해야 한다. 만일 서비스 사용자가 회사 내부자, 예를 들어 마케팅 부서라면 운영 수준 계약서 Operational Level Agreement: OLA라는 공급자와 소비자 간의 내부 계약이 맺어진다. 그러므로 클라우드 서비스는 사업 과정의 실행으로서 일련의 관련 있는 기능적 부품들과 자원들의 조합으로 사용자에게 사업 가치를 제공한다.

이 비유를 계속 사용한다면, 회계 법인이 약속된 서비스 수준을 확실히 맞추려고 회계장부를 만드는 동안의 성과를 측정하기 위해 다양한 지표를 내부적으로 만들 수 있다. 예를 들면 '감사는 사흘이 걸린다', '현금 출납장은 일주일에 한 번씩 조정한다' 등이다. 회계 법인은 이 지표를 서비스 수준 계약 전반을 충족하기 위해 내부적으로 사용하지만, 그것을 당신과 공유할 수도 있다. 이런 목표 또는 지표를 서비스 수준 목표Service Level Objective: SLO라고 부른다. 정보통신 산업 관점에서 SLO는

SLA에서 특별히 측정 가능한 특성으로, 가동 시간, 처리 시간, 가용 자원 용량, 반응 시간, 납기 같은 것이다.

서비스 모델: 추출 수준

회계 법인의 관점에서 전산을 살펴보자. 전산 부서는 그 회사의 회계 부서를 고객으로 둔 셈이다. 회계 부서는 전산 부서와 일하는 방법을 다음의 몇 가지 중에서 선택할 수 있다.

1. 스스로 아주 자질구레한 것까지 고려해서 하드웨어, 사용할 소프트웨어 종류와 버전, 소프트웨어를 담을 운영 체제, 하드웨어 메모리, 저장 용량 등을 구체적으로 요구할 수 있다.
2. 사용하고 싶은 소프트웨어를 결정한 후 그 외의 것은 전산 부서가 정하게 한다.
3. 컴퓨터의 계산이 필요한 입력 자료의 유형과 결과물의 양식을 정할 뿐, 계산을 위해 어떤 소프트웨어와 하드웨어를 쓸지는 전산 부서가 정하게 한다.

1번은 기반 시설 단계에서의 추출 수준으로, 클라우드 컴퓨팅에서는 기반 시설 서비스Infrastructure as a Service: IaaS라고 부른다. 기반 시설 서비스의 일반적 예는 파일이나 사진을 클라우드에 저장하거나(이 경우 저장 기반 시설을 이용한다), 클라우드를 이용해 파일을 전송하는 것이다. 좀 더 높은 단계의 추출 수준은 전산 부서가 플랫폼을 제공하고 하드웨어와 운영체제를 갖추면 회계 부서는 사용할 소프트웨어를 2번처럼 정하는 것이다. 이것이 플랫폼 서비스Platform as a Service: PaaS이다.

전산 부서가 회계부를 대신하여 알맞은 소프트웨어와 사용할 컴퓨팅 플랫폼을 3번처럼 결정한다면 회계부는 단지 자료의 정확성과 시간을 맞추는 데만 신경 쓰면 되는데, 이것을 소프트웨어 서비스Software as a Service: SaaS라고 부른다. 이 세 가지 추출 수준(IaaS, PaaS, SaaS)이 미국표준기술연구소의 정의에서 도출된 서비스 모델이다.

회계 법인이 감사 업무의 전부를 외주하고 세금 문제 자문에만 집중하려 한다면 어떻게 될까? 그러면 회계 부서는 다른 법인과 서비스 수준 및 비용을 합의할 것이고, 그에 따라 그 회사가 감사를 하게 될 것이다. 이는 사업의 모든 기능과 처리 과정에 대해 외주를 주는 것인데, 이 다른 법인은 클라우드 서비스로 대체될 수 있다. 그래서 클라우드 서비스가 사업 기능까지 제공할 때 사업 과정 서비스Business Process as a Service: BPaaS를 제공하는 것이다.

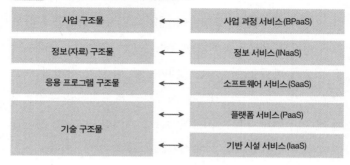

그림 2 **기업 구조물과 클라우드 서비스 모델**

사업 구조물	↔	사업 과정 서비스(BPaaS)
정보(자료) 구조물	↔	정보 서비스(INaaS)
응용 프로그램 구조물	↔	소프트웨어 서비스(SaaS)
기술 구조물	↔	플랫폼 서비스(PaaS)
	↔	기반 시설 서비스(IaaS)

　최신의 세법 규정을 얻고자 회계 법인이 정보 서비스Information- tion Service를 받는다고 가정하자. 이것은 정보 서비스Information as a Service: INaaS와 유사한 것으로, 법이 바뀜에 따라 세금 규정이 정기적으로 개정되기 때문에 자료의 저장소에만 의존하지 않고 의미 있는 정보를 제공하기 위한 자료를 정리하는 일까지 포함하는 것이다. 따라서 정보 서비스는 기반 시설 서비스와 다르다.

　〈그림 2〉가 보여주듯이 미국표준기술연구소의 모델은 정보 서비스와 사업 과정 서비스에 대해 개정될 필요가 있다. 전산 기업의 구조물은 〈그림 2〉의 왼쪽 열이 보여주듯이 네 가지 구조물로 되어 있는데, 기술 구조물, 응용 프로그램 구조물, 정보 또는 자료 구조물, 사업 구조물이다. 기술 구조물은 전산 인프라, 미들웨어, 운영체제를 아우르고, 응용 프로그램

구조물은 소프트웨어 응용 프로그램들과 이것들 간의 상호 작용, 그리고 사업 과정과의 관계에 관한 것이다. 자료 구조물은 자료와 그것의 관리에 대해 정한다. 사업 구조물은 사업 전략을 전산 전략과 관련 관할 구조, 그리고 사업 과정에 대한 정의로 풀어 쓴다. 이 각각의 기업 구조 영역들은 〈그림 2〉의 오른쪽에 있는 것들과 차례대로 연결된다.

클라우드 배치 모델

미국표준기술연구소의 정의에는 네 가지 배치 모델이 있는데, 공개 클라우드, 사적 클라우드, 공동체 클라우드, 혼합형 클라우드가 그것이다.

공개 클라우드는 인터넷을 사용하는 모든 사람에게 서비스를 제공하는 것이다. 이 서비스는 세상 어디에서나 볼 수 있는 컴퓨팅 자원으로 제공된다. 이런 형태의 클라우드가 어떤 회사에게는 통제 목적에서 자료의 무결성에 약점이 될 수 있다. 예를 들면 미국에 근거를 두는 회사는 소비자 관련 자료를 다른 나라에 둘 수 없도록 되어 있다. 특히 금융기관들은 이런 류의 엄격한 규정을 준수할 필요가 있다. 그 결과 이런 회사들은 사적 클라우드를 선호하게 된다.

사적 클라우드는 정부 기관이든 사업체이든 간에 한 개의 기관에만 제공되는 것이고, 고유의 사적 통신망을 통해 그 기관에 공급된다. 일반적으로 큰 기업들만이 사적 클라우드를 둘 여유가 있으므로 중소 규모의 기업은 공동체 클라우드를 사용하게 된다.

공동체 클라우드는 사적 클라우드와 공개 클라우드의 중간 형태이다. 개인부터 기업까지 공동의 이해관계를 지닌 몇 개의 기관이 자원을 통합해 혼합형 클라우드를 만들 수 있다. 이런 클라우드에는 여러 형식이 있는데, 스위스의 은행 클라우드, 노르웨이의 종이 산업 클라우드, 미국의 의료 산업 클라우드 등이 그러하다. 또한 다양한 이해 집단들을 위한 공동체 클라우드를 만들 수 있는데, 예를 들어 체스 선수 클라우드, 화폐 수집가 클라우드 등이 있다.

혼합형 클라우드는 여러 클라우드의 복합체이다. 갖고 있는 컴퓨팅 자원이 완전히 소진되어 다른 클라우드의 컴퓨팅 자원을 빌려 써야 할 때 꼭 필요하게 된다. 이것을 클라우드 파열Cloud Bursting이라고 하는데, 서비스 수준 계약을 만족시키기 위해 다른 클라우드의 자원을 써야 하는 상황이 만들어지기 때문이다.

클라우드 컴퓨팅의 다섯 가지 특성

미국표준기술연구소의 정의는 클라우드 컴퓨팅의 다섯 가지 특성을 열거하고 있는데, 〈표 1〉에 적혀 있듯이 유비쿼터스 접속, 소비자 셀프서비스를 기반으로 한 수요에 따른 활용, 자원 통합, 신속한 탄력성, 서비스 사용량 측정이다.

통신망을 통해 언제 어디서나 접속할 수 있다는 것은 클라우드 서비스를 사용하기 위한 장소가 제한되지 않으므로 중요한 점이다. 이에 수반되는 염려로는 잠재 사용자 수가 증가하면서 보안 안전성의 문제가 대두되지 않을까 하는 점이 있다. 이런 이유로 통신망은 사설 통신망 또는 공동체 통신망으로만 제한될 수 있는데, 전자는 사적 클라우드이고 후자는 공동체 클라우드이다.

표 1 **클라우드 컴퓨팅의 특징**

	특징	서술	변수
1	넓은 통신망 접속성	어디에서나 서비스를 이용	장소
2	수요에 따른 셀프서비스	원할 때 서비스를 이용	시간
3	자원 통합과 가상화	기반 시설, 가상 플랫폼, 응용 프로그램의 통합	방법
4	신속한 탄력성	수평적 확장성을 가능하게 하는 통합된 자원 공유	방법
5	서비스 양의 측정	이용하는 서비스에 대한 지불	금액

수요에 따른 셀프서비스 또는 수요에 따른 활용은 원할 때 서비스를 쓰도록 한다는 이점이 있다. 활용성은 다음과 같이 두 가지 특성을 지닌다.

1. 서비스를 사용하지 않을 때도 활용이 가능하게 되어 있어서 원할 때는 사용할 수 있도록 준비되어 있다(그러므로 클라우드 컴퓨팅의 시동 시간은 매우 빨라야 한다).
2. 서비스는 사용하는 동안에도 멈추지 않는다(사용자의 수가 갑자기 많아져도 사용 경험이 손상되지 않는다).

여기서 두 번째 경우는 서비스에 대한 수요가 변동하더라도 항상 사용이 가능해야 한다는 뜻이다. 예컨대 기반 시설 서비스 계약을 맺고 웹사이트의 호스트로서 클라우드 서비스를 이용한다면 사이트 접속 횟수에 따라 그 사용량이 달라지게 된다. 사용량은 하루 중 어느 시간대인지, 주말인지, 마케팅 캠페인 중인지 등 여러 가지 요인에 달려 있다. 그 결과, 클라우드 컴퓨팅의 기반 시설에 주어지는 부하 역시 변화하므로 수요가 늘면 기반 시설이 확장되어야 하고, 반대로 수요가 줄면 규모가 축소되어 기반 시설 자원이 다른 곳에 활용될 수 있어야 한다. 이러한 규모의 축소·확대를 탄력성이라고 부른다.

수평적 확장성이란 동일한 유형의 자원을, 예를 들어 컴퓨

그림 3   가상 설비를 호스팅하는 실제 설비

기계 1			기계 2		
응용 프로그램 1	응용 프로그램 2 · · · ·	응용 프로그램 3	응용 프로그램 1	응용 프로그램 2 · · · ·	응용 프로그램 3
운영체제			운영체제		
가상 설비			가상 설비		
단일 실제 설비					

팅 플랫폼 같은 자원을 많이 사용하는 것을 말하며, 수직적 확장성이란 업그레이드를 통해 자원의 성능을 향상시키는 것, 예를 들어 메모리 용량을 증가시키는 일을 의미한다. 탄력성이란 수평적 확장성을 활용하여 수요가 많을 때는 확장하고 수요가 적을 때는 축소하는 것이다. 이런 방식으로 실행하기 위해서는 컴퓨팅 자원이 통합되어 있어야 한다. 자원들은 일반적으로 가상화되어 있는데, 소프트웨어는 통합하기도 하고 규모를 자동적으로 정하기도 한다. 일반적으로 가상화는 한 대의 컴퓨터에서 여러 개의 독립된 운영체제를 사용하는 경우를 말하는데, 〈그림 3〉이 보여주듯이 이런 가상 시스템을 가상 설비라고 부른다. 기반 시설 수준의 서비스에서도 가상 설비 위에 가상 저장 용량(한 개의 저장 매체 안에 복수의 저장 용

량)과 가상 통신망을 갖게 된다.

하드웨어의 가상화는 탄력적으로 자원을 통합하고 공유할 수 있게 한다. 소프트웨어에도 같은 생각이 적용되어서 통합된 가상 설비들 위에 한 개의 가상화된 응용 프로그램이 공유될 수 있다. 그러나 이 기술은 아직 형성기에 있는데, 가장 큰 제약 요인은 사용 허가나 대금 청구 같은 상업적 문제들이다. 복수의 사용자가 클라우드 안에서 소프트웨어, 저장소, 가상 설비 같은 동일한 가상 자원을 사용하면 이 자원들은 복수의 가입자를 갖는 것이 된다. 각각의 클라우드 서비스 사용자에게 공유되는 공통적 서비스를 제공하기 위해 자원을 통합하는 것을 다중 임차Multi-tenancy라고 한다.

공개 클라우드 서비스의 가장 큰 단점은 사용된 자원량과 발생비용에 대한 투명성[2]이 부족하다는 것이다. 그러나 소비자는 사용할 때 어떤 컴퓨팅 자원이 언제, 왜 쓰였는지 알아야 하고 사용에 대해 즉각 계약비용을 알아야 한다는 점에서 투명성은 클라우드 컴퓨팅의 뚜렷한 특징이다(물론 월 사용량 무제한 요금제의 경우는 관련이 덜하다). 그래서 사용량을 측정하고 사용자에게 그 지표들을 투명하게 보여주는 것이 클라우드 서비스에서 중요하다.

클라우드 컴퓨팅 참가자

클라우드 서비스에는 네 종류의 행위자가 참여하는데, 〈그림 4〉와 같이 이들은 공급 사슬 안에서 상호 작용한다.

서비스 사용자

클라우드 서비스 사용자는 자신이 쓰려고 하는 서비스의 목록을 갖는다. 서비스에 가입하기 위해 사용자는 비용, 품질, 적시성 같은 특성을 검토하고 서비스 제공자와 이에 대해 계약한다.

서비스 제공자

클라우드 서비스 제공자는 사용자에게 클라우드 서비스를 제공하는 주체이다. 사용자에게 시간에 맞춰(적시에, 거의 순간적으로) 서비스가 배치·활용되도록 서비스의 조성과 활성화를 지휘한다. 서비스 제공자는 제공하려는 서비스의 목록과 가격 그리고 계약 정보를 지니고 있다. 이와 관련하여 제공자는 서비스 비용과 가격을 구분한다. 전자는 투입 원가 또는 서비스 제공자가 서비스를 제공하기 위해 부담해야 할 금액이고, 후자는 서비스 사용자에게 부과할 금액이다.

그림 4 **참가자 비용과 혜택**

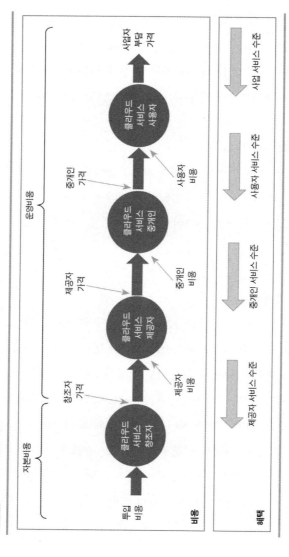

서비스 창조자

서비스 제공자는 선택적으로 서비스 창조자가 되기도 한다. 서비스 창조자는 서비스를 만들어 제공자에게 납품한다. 서비스 창조자의 주 기능은 서비스를 납품하면서 서비스의 근간인 자원의 공급을 진행·통제하고 최적화하는 것이다.

서비스 중개인

서비스 중개인은 사용자와 다수의 서비스 제공자들 사이에서 중간 역할을 맡는다. 중개인은 다음과 같은 세 가지 역할을 한다.

1. 사용자가 어느 특정 공급자에게 묶이지 않도록 해서 같은 서비스를 다른 제공자로부터도 받을 수 있도록 한다.
2. 여러 제공자들의 서비스를 종합하여 사용자에게 여러 서비스의 매시업Mash-up 또는 복합Composition 같은 독특한 서비스를 제공한다.
3. 여러 제공자들로부터 제공되는 서비스를 최적의 비용, 품질, 그리고 적시성 변수를 바탕으로 잘 조절하여 사용자에게 전달되도록 한다.

중개인은 제공자와 마찬가지로 비용과 가격을 구분한다.

결국 제공자의 가격은 중개인의 비용이 되고 중개인의 가격은 사용자의 비용이 된다. 서비스 수준 계약은 혜택을 의미하는데, 〈그림 4〉에서 볼 수 있듯이 서비스 창조자부터 사용자에 이르는 공급 사슬로부터 나온다.

클라우드 컴퓨팅의 형태

앞 장에서는 클라우드 서비스의 두 가지 핵심 특징인 서비스 추출 수준(IaaS, PaaS, SaaS, InaaS, BPaaS)과 배치 모델(공개, 사적, 공동체, 혼합형 클라우드)을 다뤘다. 이 장에서는 추출 및 배치 모델에 대해 더 깊이 들어가보자. 우리는 각 구성 요소의 특성을 비교·평가하고, 그 관계를 근거로 클라우드 컴퓨팅의 여러 패러다임을 만들어볼 것이다.

앞 장에서 거론한 클라우드 컴퓨팅의 정의를 기억해보자. 클라우드 컴퓨팅은 다음과 같은 다섯 가지 핵심 특성이 있다.

1. 넓은 통신망 접속성
2. 수요에 따른 셀프서비스
3. 자원 통합 또는 서비스 공유
4. 신속한 탄력성
5. 서비스 양의 측정

클라우드 서비스로 인정받으려면 이 특성 하나하나가 모두 살아 있어야 한다. 이 점을 이해하는 것이 아주 중요한데, 그렇지 않으면 클라우드 서비스가 아니기 때문이다. 또한 이 장에서의 논의는 다른 종류의 서비스에는 적용되지 않는 것이다. 이 장에서 논의하는 모든 배치 모델과 추출 수준은 앞에서와 같은 클라우드 컴퓨팅의 다섯 가지 특성을 공통으로 지니고 있다.

　우선 필자가 개발한 여러 가지 새로운 개념이 있는데, 클라우드 컴퓨팅의 분석을 위해 이것들에 대해 생각해볼 필요가 있다. 그런 개념 중 하나는 객체 지향 설계Object Oriented Design: OOD에서 빌려온 것으로, 대상물 관계를 다룬다. 또 다른 개념은 클라우드 셀Cloud Cell에 관한 것이다. 이것은 한 가지 서비스만 하는 전문가용 클라우드인데, 예를 들면 자료 저장, 데이터베이스 제공, 웹 페이지 제공 같은 것이다. 우리는 쓰고자 하는 클라우드 서비스를 만들기 위해 여러 개의 클라우드 셀을 이용하는 클라우드 응용 프로그램을 만들 수 있다. 이 새로운 개념은 여러 개의 셀을 다양한 조합으로 재활용해 다양한 클라우드 서비스를 만들어낸다. 이 시도를 더 확장해서 클라우드 패턴을 만들 수 있다. 이런 것들이 클라우드 셀들의 조합과 그 관계에 근거한 확실한 활용의 예이다.

추출 수준

　서비스 모델의 종류를 추출 수준의 순서대로 살펴보자. 〈그림 5〉에 그려져 있듯이 맨 위로 올라가면 사업 과정 서비스라는 가장 높은 추출 수준에 이르는데, 한 단계 높은 수준은 바

그림 5   추출 수준

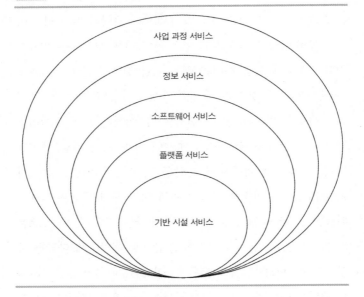

사업 과정 서비스

정보 서비스

소프트웨어 서비스

플랫폼 서비스

기반 시설 서비스

로 아래 수준을 내포한다. 다시 말해 소프트웨어 서비스는 사업 과정을 만드는 소프트웨어를 포함하는 동시에 플랫폼 서비스를 내포하고 있다. 그리고 플랫폼 서비스는 기반 시설 서비스라는 기반 시설 위에서 운영 환경을 제공한다. 〈표 2〉에는 서비스 종류에 따른 클라우드 컴퓨팅의 다섯 가지 추출 수준에 대한 정의가 열거되어 있다.

　표 안에 있는 각 추출 수준의 차이에 대해 잘 살펴보자. 서로 다른 서비스를 혼동하기 쉬운데, 특히 클라우드 서비스 업

| 표 2 | 상이한 추출 수준별 서비스 제안 |

추출 수준	서비스 제안
기반 시설 서비스	유틸리티 기반의 하드웨어 기반 시설(서버, 저장소 등)
플랫폼 서비스	운영체제와 (소프트웨어를 설치·이용하도록 하는) 운영 환경 관련 핵심 응용 프로그램을 제외하면 기반 시설 서비스와 같다. 가격체계는 일반적으로 유틸리티 가격제를 따른다.
소프트웨어 서비스	기능을 수행하는 응용 프로그램들을 담고 있는 것을 제외하면 플랫폼 서비스와 같다. 그 기능이란 사업 관련 기능이거나 사회적 또는 개인적 기능일 수 있다. 필요할 때 응용 프로그램(들)을 사용할 뿐, 응용 프로그램과 관련된 하드웨어 기반 시설의 설치, 유지·관리를 위한 비용을 피할 수 있다. 가격은 사용량에 따른다.
정보 서비스	개인 또는 회사와 관련이 있는 정보, 그리고 사업, 사업 과정, 업무와 관련이 있는 정보를 제공한다. 가격은 일반적으로 사용량 기준이다.
사업 과정 서비스	사업 기능을 수행하거나 조직 내의 사업 과정을 대신한다. 일반적으로 사업 과정 외주(Business Process Outsourcing)와 소프트웨어 서비스를 결합한다. 가격은 일반적으로 사용량 기준이다.

체의 마케팅 부서가 정의를 무모하게 확장하는 경우가 있다. 예를 들어 기반 시설 서비스를 제공받는다고 하자. 보안상의 이유로 당신이 기반 시설에 접속할 수 없도록 하기 위해 서비스 제공자가 운영체제를 사전 설치한다. 제공하는 서비스는 설령 운영체제가 설치되어 있어도 플랫폼 서비스가 아닌 기반 시설 서비스일 뿐이다. 플랫폼 서비스가 되기 위해서는 서비스 제공자가 응용 프로그램을 돌리기 위해 필요한 소프트웨어를 추가로 설치해야 한다. 이 추가적인 소프트웨어는 한 묶음의 과업을 수행하는 소프트웨어 라이브러리 Software Library 같은

것인데, 닷넷 프레임워크.Net Framework, 또는 LAMP Linux-Apache-MySQL-PHP or Perl와 같은 응용 프로그램 스택Application Stack일 수 있다. 또한 응용 프로그램을 만들기 위해 기반 시설 서비스(또는 플랫폼 서비스)를 사용할 때 그 만든 것을 클라우드에 담아서 소프트웨어 서비스로 제안할 수 있다. 그렇게 하면 사용자는 응용 프로그램 설치, 운영체제, 또는 응용 프로그램의 소프트웨어 의존성 등을 걱정할 필요가 없다. 더욱 중요한 것은 최신 소프트웨어를 유지해야 하는 걱정을 할 필요가 없다는 점인데, 소프트웨어 서비스에서 가장 최신판을 설치해주기 때문이다.

배치 모델

1장에서 소개한 클라우드 컴퓨팅의 네 가지 배치 모델인 공개, 사적, 공동체, 혼합형 모델을 생각해보자. 각각의 배치 모델은 그것을 설명하는 추출 모델을 갖고 있다. 예를 들어 소프트웨어 서비스라는 추출 모델을 가진 공개 클라우드는 소프트웨어 서비스 공개 클라우드라고 불리고, 마찬가지로 플랫폼 서비스 사적 클라우드는 플랫폼 서비스 추출 수준을 가진 사적 배치 모델이다.

공개 클라우드

공개 클라우드는 명칭이 말해주듯이 대체로 대중에게 공개
되어 있다. 이런 점에서 대중은 소비자일 수도 있고 클라우드
서비스를 사용하려는 기관일 수도 있다. 공개 클라우드 서비
스의 사용은 사적이거나 제한된 통신망이 아닌 인터넷을 통한
다. 공개 클라우드는 모든 사람에게 친숙한 배치 모델이며, 다
양한 추출 수준에 적용된다. 그래서 공개 클라우드는 기반 시
설, 플랫폼, 소프트웨어, 사업 과정을 서비스로 제공한다. 다
른 배치 모델의 클라우드 서비스는 지역 통신망, 광역 통신망,
또는 세계적 통신망(인터넷)을 통해 접속하는 반면, 공개 클라
우드 서비스는 사용량에 대한 월별 요금 부과 형식의 인터넷
을 통해서만 접속이 가능하다. 공개 클라우드 서비스의 예로
는 구글 프린트Google Print, 구글 닥스Google Docs, 마이크로소프트
오피스 365 Microsoft Office 365, 아마존 EC2 Amazon Elastic Compute Cloud,
아마존 클라우드 플레이어Amazon Cloud Player 등이 있다. 이것들
은 모두 월 단위 운영비용 가격제를 갖고 있으며, 사용자가 처
음에 미리 내는 자본비용은 거의 없거나 전혀 없다.

사적 클라우드

사적 클라우드의 대상은 기관, 사업자, 심지어 개인 한 명일
수도 있다. 회사는 고유의 사적 클라우드를 두고 광역 통신망

Wide Area Network: WAN을 통해 서비스를 전달할 수 있다. 광역 통신망이란 방화벽 같은 보안장치를 통해 외부인을 제한하는 회사 단위의 인터넷을 말한다. 지역 통신망Local Area Network: LAN은 지역적 범위가 아주 작다는 점을 제외하면 광역 통신망과 비슷하다. 이는 가정이나 사업장 같은 특정 지역으로 제한되는 것이 보통이다. 개인 역시 지역 통신망을 통해 클라우드 서비스를 쓰고자 본인만의 사적 클라우드를 가질 수 있다. 예를 들면 개인은 집에 자신만의 클라우드를 만들 수 있는데, (1) 스트리밍 서버를 영상 재현장치에 연결해 영상물을 감상하며 기록하고 집 안 어디에서나 볼 수 있으며, (2) 파일을 중앙 집중식으로 보관하기 위해 백업 서버를 둘 수 있고, (3) 여러 장치(노트북, 휴대폰, 태블릿 등)의 데이터를 무선 지역 통신망을 통해 동기화할 수 있다.

사적 클라우드는 지역 통신망이나 광역 통신망을 통해 특정 사용자 집단에만 국한된 서비스를 제공하는 것이다. 예외적으로 인터넷을 통해서도 사적 클라우드 서비스가 제공되기도 하는데, 접속 제한을 두어 계약된 개인적 실체만 서비스에 접속할 수 있다. 실제로는 자료의 무결성 및 보안 문제 때문에 인터넷을 통한 사적 클라우드의 전달은 비현실적이다. 일반적으로 사적 클라우드는 설치 시에 약간의 자본비용을 필요로 하고 운영비용도 필요하다.

공동체 클라우드

공동체 클라우드는 사적 클라우드의 확장판이다. 공동의 이해관계 또는 보안 문제, 자료의 프라이버시 보호 문제, 규제 환경, 사업 모델, 최종 사용자의 욕구 같은 관심사를 공유한 공동체를 지원한다. 공동체 클라우드는 지리적 지역을 대상 범위로 삼을 수 있는데, 예를 들면 유럽 공동체 클라우드 또는 북미 클라우드 등이 그러하다. 무역 관련도 대상 범위로 할 수 있는데, 아세안ASEAN 또는 브릭BRIC 공동체 클라우드 같은 것이 있다. 무역이라는 범주도 재미있는데, 수많은 산업 또는 사업체로 확장될 수 있기 때문이다. 종이 산업 클라우드, 출판 클라우드, 은행 규정 클라우드, 특정 국가의 건강 산업 클라우드(즉, 미국 건강 산업 공동체 클라우드) 또는 이와 관련된 전 세계 수직 계열(전 세계 건강 산업 공동체 클라우드)이 있고, 참여 자로는 감독 기관, 건강 산업 제공자, 의사와 환자 또는 이들의 모든 조합이 있다.

기반 시설 서비스 공동체 클라우드는 같은 클라우드 기반 시설을 공유하고, 소프트웨어 공동체 클라우드는 같은 소프트웨어를, 사업 과정 공동체 클라우드는 같은 사업 모델을 공유한다. 사적 클라우드와 달리 공동체 클라우드는 인터넷을 통해 전달되며, 일반적으로 운영비용 가격제를 가지고 있다.

혼합형 클라우드

혼합형 클라우드는 독특한 특징이 있는 두 개 이상의 클라우드 배치 모델(사적, 공동체, 공개)을 캡슐화한 것이다. 〈그림 6〉의 혼합형 클라우드 1처럼 하나의 클라우드 배치 모델로 만들 수 있는데, 이것은 세 개의 사적 클라우드로 만들어진 혼합형 클라우드이다. 마찬가지로 공개 클라우드들로 구성될 수도 있으며, 배치 모델이 동일할 필요는 없다. 사적 클라우드와 공개 클라우드로 구성된 혼합형 클라우드 2의 경우처럼 다른 배치 모델로 구성된 혼합형 클라우드도 만들 수 있다. 그리고 혼합형 클라우드 3의 경우처럼 공동체 클라우드를 가질 수도 있다. 심지어 혼합형 클라우드 4처럼 혼합형 클라우드 안에 혼합형 클라우드를 지닐 수 있어서 사업의 연속성 또는 부하의 균형을 맞추기 위해 혼합형 클라우드 안에 다른 구성 요건을 지닌 클라우드 복제품을 둘 수 있다.

혼합형 클라우드의 부분 클라우드는 어떠한 추출 수준의 혼합형도 가능할까? 예를 들어 하나의 혼합형 클라우드 안에 기반 시설 서비스 사적 클라우드와 플랫폼 서비스 공개 클라우드를 지닐 수 있을까? 물론이다. 그러한 예를 회계 법인을 다시 이용하여 생각해보자. 우리 회사가 공개 클라우드를 이용해 고객 관계 관리Customer Relationship Management: CRM와 메일을 쓰려고 하는 한편, 일반적인 상업용 공개 클라우드 서비스로

그림 6   혼합형 클라우드의 다양한 구성

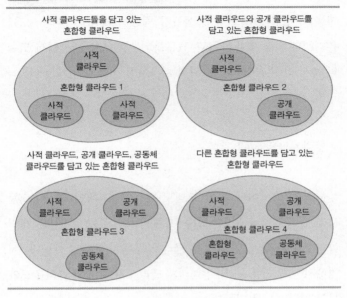

문서 작성을 하고 독자적인 사적 클라우드 서비스 안에서 재
고 추적 소프트웨어 같은 사업 관련 응용 프로그램을 쓰려 한
다고 가정하자. 우리 회사는 여러 가지 자료, 예를 들어 공급
자의 주소를 공개 클라우드와 사적 클라우드 간에 공유하게
하는 혼합형 클라우드를 만들 수 있다. 이는 공개 클라우드의
문서 작성을 통해서 공급자에게 편지를 보내도록 하는 동시
에, 사적 클라우드의 재고 추적기가 재고를 채우려면 어떤 공
급자를 접촉해야 하는지 평가하도록 한다. 혼합형 클라우드

의 장점은 무엇일까? 사적 클라우드는 자료의 개인화, 높은 성능, 투명한 서비스 수준 목표를 제공하고, 공개 클라우드는 유연성과 비용 효율이 좋은 표준화된 서비스를 제공해서 고유의 문서 작성 클라우드를 위해 재투자할 필요가 없게 된다.

클라우드의 형태

클라우드는 어떤 배치 모델도 가능하며, 개인 클라우드를 사적 클라우드로 둘 수 있다. 드롭박스Dropbox는 파일용 개인 클라우드로 쓸 수 있는 공개 클라우드 배치 모델의 예이다. 여기에서는 중요한 두 가지 형태의 클라우드로 개인 클라우드와 사물 클라우드를 다룬다.

개인 클라우드
개인 클라우드Personal Cloud는 그것이 공유될 수 있는지 여부보다는 사용 범위로 정의된다. 이 클라우드의 범위는 개인 또는 일개 기관이며, 사적일 수도 있고 공개 또는 혼합형일 수도 있다. 공개적 개인 클라우드의 예는 아이 클라우드iCloud, 구글 드라이브Google Drive, 드롭박스 등이다. 사적 개인 클라우드의 예는 통신망에 연결되어 있는 자료를 저장해주는 저장 기기이다. 애플의 에어포트 타임캡슐Airport Time Capsule이 한 개 이상의 기기와 연결되면 이것의 실행 예가 된다.

사물 클라우드

사물 클라우드Cloud of Things는 무생물, 물건을 그 대상 범위로 한다. 이것은 사람이나 조직이 아닌 사물과 일하는 클라우드이다. 예를 들면 도로 또는 주차장 조명 같은 공공 조명 클라우드를 만들어서 사용에 따라 지불하는 방식으로 작동하도록 하여 돈을 낸 사람과 그 인근에만 조명이 작동하게 한다. 그래서 조명은 그 사람이 근처에 나타나면 켜졌다가 떠나면 꺼지게 된다. 부과되는 비용은 그 부근에 머무는 시간에 달려 있고, 조명의 사용에 근거하여 지불하게 된다. 즉, 밤새도록 조명이 켜져 있지 않으므로 납세자의 돈을 낭비하지 않게 된다는 말이다. 또한 세금이나 그 마을의 모든 사람이 내는 집단적 청구 방식과 달리 그 조명을 실제로 쓰는 마을 사람만 돈을 지불한다는 말이다. 사용량에 따라 지불하는 방식은 대부분의 신용카드나 직불카드에서 쓰는 칩 앤드 핀Chip and PIN 기술로 해결된다. 조명은 GPRS General Packet Radio Service[1]를 통해 클라우드에 연결되고 사용량 및 전구 교체 같은 정보를 전송한다. 사물 클라우드는 자동차, 집, 건강진단 장치, 가전제품, 사무실 등에 다양하게 쓰일 수 있다.

클라우드 관계

혼합형 클라우드와 관련해 흔한 주제는 부분 클라우드들이 클라우드 기반의 응용 프로그램 또는 다른 서비스들을 한 부분에서 다른 쪽으로 옮기기 위해 자료를 공유·통합할 필요가 있다는 것이다. 실제로 이러한 정보 공유의 필요성은 혼합형 클라우드에만 국한된 것이 아니다. 사적 클라우드나 공개 클라우드 역시 같은 과업과 서비스를 제공하는 다른 클라우드를 부분으로 갖는다. 그러나 이렇게 되기 위해서는 클라우드들 간에 또는 클라우드 셀들 간에 정의된 관계 정립이 있어야 한다. 이 관계는 캡슐화Encapsulation, 복합Composition, 연합Federation으로 나타난다.

캡슐화

캡슐화란 하나의 대상이 다른 대상을 담고 있거나 구성하고 있을 때이다. 캡슐화를 통해 한 대상이 다른 대상을 담는다고 이야기한다. 캡슐화는 일종의 쿠키 커터Cookie-cutter 방식을 통해 일을 최소화시킨다. 예를 들면 유칼리나무 숲은 유칼리나무들을 캡슐화한 숲으로 설명될 수 있다. 기술자의 관점으로 보면 한 나무만을 묘사하고 그 한 그루 나무의 총합으로 숲을 묘사한다.

캡슐화는 복합Composition과 총합Aggregation이라는 두 가지 형태가 있다. 유칼리나무 숲은 총합의 예이다. 복합은 유칼리나무 숲의 예와 같이 한 가지의 반복되는 대상물이 아니고, 전혀 다른 대상물들이 모여 새로운 전체 대상을 만드는 것이다. 자동차를 묘사한다고 가정해보자. 그것은 네 개의 바퀴, 운전대, 보닛, 엔진 등으로 구성되어 있다. 이러한 부품들을 캡슐화해서 모두 묶어 자동차로 만든다. 이처럼 자동차는 부품들의 복합인 데 반해 유칼리나무 숲은 유칼리나무의 총합이다. 클라우드 컴퓨팅의 관점에서 보면 한 개의 클라우드는 다른 클라우드 또는 클라우드들을 캡슐화할 수 있다. 그러므로 캡슐화는 클라우드 서비스의 복합 또는 총합이다. 이어서 총합과 복합에 대해 살펴보자.

총합

총합은 모든 클라우드 추출 형태에 적용이 가능하다. 〈그림 7〉은 소프트웨어 서비스 클라우드의 총합을 보여주는데, 이 소프트웨어 서비스 클라우드는 운영비용과 서비스 수준 계약 면에서 비슷한 여러 개의 소프트웨어 서비스 부분품으로 만들어져 있다. 그렇다면 총합은 실제로 어떤 용도가 있는가? 다시 회계 법인의 비유로 가보자. 회계 법인이 전산 부서와 소프트웨어 서비스 클라우드를 통해 장부 조정을 제공하는 서비

그림 7   총합 소프트웨어 서비스 클라우드

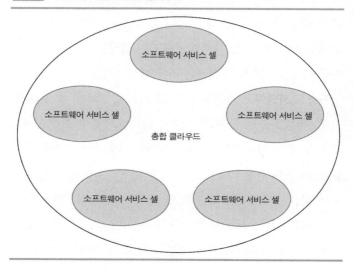

스 수준 계약을 한다고 가정하자. 그런데 영업을 더 잘했거나 다른 법인과의 합병으로 새로운 고객이 갑자기 늘었다면, 전산 부문에 기존의 서비스 수준 계약으로 맞출 수 없는 늘어난 수요가 생긴 셈이다. 따라서 늘어난 수요에 대응할 수 있도록 조정 클라우드의 복제품을 만들었다. 조정 소프트웨어 서비스 클라우드는 두 개의 클라우드(또는 클라우드 셀)이고 각각의 셀은 다른 것의 복제품이다. 그래서 조정 서비스에 대한 수요가 두 개의 셀에 분산될 수 있다. 복제품을 만드는 노력은 새로운 원칙으로 새로운 셀을 만드는 것에 비해 훨씬 적게 드는데,

이는 기존 셀의 모양을 다른 셀을 만들 때 템플레이트Template로 쓸 수 있기 때문이다. 총합의 예인 쿠키 커터 방식의 분명한 장점은 민첩성과 비용 효율성이다. 다른 방식을 생각해보자. 소프트웨어 서비스의 복제품을 만드는 대신, 같은 형식의 조정 클라우드를 고유의 셀로 만들 수 있는 외부 회사를 찾아서 기존의 것과 똑같은 클라우드 기능을 하도록 서비스 수준 계약을 맺었다고 가정하자. 이로써 증가된 수요를 맞추기 위해 다른 회사의 클라우드 셀과 함께 고유의 조정 클라우드를 캡슐화한 소프트웨어 서비스 클라우드를 갖게 된다. 더 나아가 전산 부서는 다른 회사의 클라우드 셀을 그들의 것으로 여기며 고유의 클라우드 셀이 감당하지 못하는 추가 수요를 다른 회사의 셀에 보낸다. 이것을 클라우드 파열이라 하는데, 하나의 클라우드가 다른 것으로 파열되어 수요를 맞추는 데 탄력성이 생긴다. 총합의 다른 사용 예는 메인 센터Main Center가 아닌 다른 데이터 센터에 클라우드 셀을 두는 것이다. 다른 데이터 센터에 있는 복제 셀은 재난 극복용이나 사업 연속성을 위해 쓰일 수 있다. 두 개의 데이터 센터에 있는 주Primary 클라우드 셀과 부Secondary 클라우드 셀은 하나의 소프트웨어 서비스 클라우드의 일부로 사업 연속성 계약에 대응하게 된다. 그러한 활용의 예는 사적 클라우드에서 특히 유용하다. 마지막으로 전산 부서가 셀들을 통합한 공동체 클라우드를 만들어서 그중 요구 조건에 맞는 셀들이 재활용되거나, 셀들이 양쪽 공동체 클라우드에 공통적인 경우에는 다른 공동체 클라우드와 공유되기도 한다.

요컨대 총합은 많은 사용 사례가 있는데, 그 예는 (1) 사용자 수요를 맞추기 위한 탄력성, (2) 다른 클라우드 간 또는 서비스 제공자 간의 클라우드 파열, (3) 사업 연속성, (4) 재활용성 또는 다른 클라우드와 똑같은 클라우드의 공유이다. 우연하게도 공동체 클라우드의 이런 예는 다른 클라우드에도 적용될 수 있다.

복합

하나의 클라우드가 몇 개의 다른 클라우드로 복합되어 만들어질 때 복합 작용이 사용되는데, 〈그림 8〉에서 보여주듯이 복합된 클라우드는 5개의 셀을 캡슐화하고 있다. 복합의 핵심 장점은 재활용성이다. 예를 들어 한 개의 복합 클라우드 안에 저장소 셀을 지정해서 사용하는데, 같은 셀 또는 이 셀의 이미지로 만든 복제품은 다른 복합 클라우드에도 활용될 수 있다. 이 재활용성은 표준화로 설정되어야 하며, 요구 조건, 접속 방법, 기능, 관리 특성 등 표준 저장 셀에 대한 정의가 만들어져야 한다. 관리 특성이란 다음과 같다.

그림 8   클라우드 복합

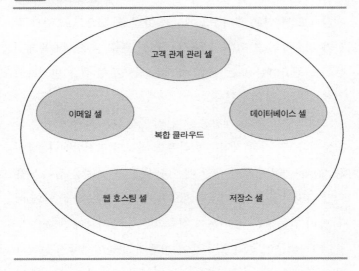

1. 클라우드 셀 갱신 및 붙이기
2. 셀 하드웨어 개선
3. 셀의 운영체제 및 플랫폼의 부분을 구성하는 핵심 응용
   프로그램 개선
4. 셀 안의 응용 프로그램(전용 프로그램) 개선
5. 미래의 개선 및 갱신 시기에 대한 로드맵 변경

   표준 셀의 한 가지 특성에 어떠한 변경을 가하면 모든 복제
셀들의 특성을 변경시킬 수 있다. 이것은 변경 관리를 훨씬 쉽

게 하지만, 한 셀에 적용된 변경은 어느 복합 클라우드에서는 괜찮아도 또 다른 클라우드에서는 아닐 수 있으므로 추가 검사가 필요할 수도 있다. 그래서 주어진 표준 셀로부터 복제된 셀들을 캡슐화한 모든 복합 클라우드는 표준 셀을 변경하기 전에 검사할 필요가 있다.

그러므로 표준화, 재활용성, 관리 가능성은 복합의 핵심 장점들이다. 또 다른 장점은 클라우드 작동의 민첩함이다. 당신은 새로운 클라우드를 정할 때 어떤 벽돌(셀 모양)을 집어 넣을지만 결정하면 된다. 그러면 새로운 클라우드가 몇 분 안에 매우 빨리 만들어진다. 더욱이 캡슐화를 통해 가능해진 높은 추출 수준 때문에 클라우드 셀이 어떻게 만들어져야 하는지와 같은 구체적 내용은 중요하지 않다. 클라우드 셀을 만들 때 당신은 클라우드 셀이 하는 일이 무엇인지만 알고 있으면 된다. 그것이 어떻게 만들어지며 무엇을 담고 있는지 등의 세부 내용은 알 필요가 없다. 부분 클라우드 셀들은 어떤 형식의 추출 및 전달 모델이어도 좋다. 그리고 복합 클라우드도 마찬가지다. 복합 클라우드는 기반 시설 서비스, 플랫폼 서비스, 소프트웨어 서비스, 정보 서비스, 또는 사업 과정 서비스일 수 있지만, 소프트웨어 서비스나 그보다 상위 수준의 복합 클라우드 서비스를 만들 가능성이 더 많다.

연합

연합은 특별한 형식의 복합이다. 다른 클라우드 제공자들로부터의 이질적인 클라우드 서비스를 연합해 복합 클라우드 서비스를 만든다. 클라우드 서비스의 매시업으로 생각할 수 있다. 연합 클라우드의 부분 셀들은 자기 고유의 클라우드 셀과 제3의 클라우드 셀의 혼합일 수 있다. 또는 완전히 제3의 클라우드 제공자 셀들로만 구성된 연합 클라우드도 만들 수 있다. 이것은 새로운 서비스 수준 계약과 가격을 흥정할 필요가 있을 뿐, 스스로 클라우드나 셀들을 만드는 수고를 할 필요가 없다는 뜻이다. 물론 이 접근 방법은 서비스 제공자로부터 받을 수 있는 적당한 클라우드 서비스가 있다는 것을 전제한다. 당신만의 클라우드를 빨리 만들고 사용할 수 있는 장점 외에, 연합은 서비스 제공자 또는 중개인의 관점에서도 또 다른 장점이 있다. 클라우드 중개인은 여러 클라우드 제공자들의 클라우드 서비스를 연합해 클라우드를 만들 수 있고, 계약과 서비스 수준 가격 등을 흥정할 수 있다. 또한 연합 클라우드를 조립품으로 발송할 수도 있다. 클라우드 소비자는 여러 서비스 제공자들과 조건 및 가격을 흥정할 필요가 없고 중개인하고만 거래하면 된다. 연합의 또 다른 장점은 늘어난 수요를 맞추기 위해 기존의 서비스 외에 추가 용량을 붙이거나 추가 서비스를 덧붙여 서비스 내용을 늘릴 수 있다는 점이다. 그 결과, 현재 당신의 클라우드 서비스 용량으로는 감당할 수 없는 서비스 또는 자원이 갑자기 필요한 사용자가 있으면 단순히 시장에서 그 서비스를 구입해 서비스 제공자 또는 중개인으로서 당신의 클라우드 서비스 목록에 덧붙이면 된다. 또 다른 장점은 연합을 통해 클라우드 안에 있는 한 개의 셀이 과업 부하의 균형을 맞추거나 중단 방지를 확실히 하기 위해 다른 셀과 협동하는 것이다(중단 방지란 한 셀이 중단되면 다른 셀이 과업을 이어받는 복원 서비스 제공을 보장하는 것이다). 연합은 중요한 가정에 바탕을 두고 있는데, 한 개의 클라우드가 다른 것과 합쳐지거나 함께 작동될 수 있다는 것이다. 상호 작동성으로 주어지는 이러한 플러그 앤드 플레이Plug and Play 기능은 10장에서 자세히 다룬다.

클라우드 셀

클라우드 셀이란 근본적인 기능이나 서비스를 제공하면서 하나의 독립 단위로 작동해 다른 클라우드들이나 클라우드 셀들이 이 서비스를 재사용할 수 있도록 하는 하나의 클라우드이다. 앞에서 논의한 클라우드 관계 원칙에 근거를 두고 보면 클라우드 셀이란 다른 클라우드 안에 캡슐화된 클라우드이다. 그 예로 데이터베이스 셀을 들 수 있는데, 이것은 인터넷 사이트나 이메일 서버 셀을 담는 웹 서버 셀인 데이터베이스 서버의 역할을 제공한다. 다시 말해 셀을 공유하면 같은 종류의 클라우드 서비스를 필요할 때마다 계속 만들 필요가 없다. 클라우드 서비스를 개시할 때 확실한 클라우드 셀을 만드는 투자를 하고 다른 클라우드들도 쓸 수 있게 놓아둔다(물론 클라우드 셀이 어떻게 다른 셀에 서비스를 제공하느냐, 어떻게 서비스를 광고하고 알리느냐, 통제 셀은 서비스 목록을 지닐 것인가, 셀 간에 정보를 교환하기 위해 어떤 공통의 자료 모델과 양식이 필요한가 등 기술적 부분이 많이 있는데, 우리의 목적은 주요 개념을 이해하는 것이므로 구체적으로 들어가지는 않을 것이다). 이런 조치는 재활용성을 통해 비용의 효율성을 제공한다. 그러므로 앞서 논의한 클라우드 관계를 활용해 다른 클라우드가 재활용할 수 있는 뚜렷한 기능의 특정 클라우드를 갖는 것은 이득을 늘릴 수 있다. 이것은 경제학자 고센Hermann Heinrich Gossen의 제1법칙[2]에 반하는 것인데, 사용할수록 한계효용이 증가되는 것으로 볼 수 있기 때문이다. 마찬가지로 클라우드 셀을 재활용하는 것은 시작부터 새로 만들 필요가 없으므로 특정 클라우드 기능을 불러오는 민첩성을 높일 수 있다. 향상된 민첩성은 영업 착수 시간을 빨라지게 한다.

〈그림 9〉는 어머니 클라우드Mother Cloud라는 클라우드 서비

그림 9　클라우드 안의 클라우드

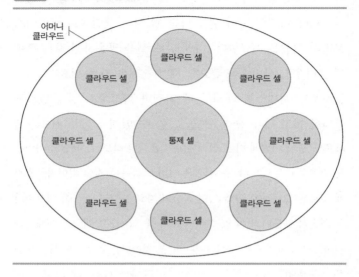

스인데 여러 개의 클라우드 셀들로 구성되어 있다. 통제 셀은 용도에 따라 선택할 수 있으며, 주목적은 다른 클라우드 셀들이 제공하는 서비스에 대한 지휘자의 역할을 하는 것이다. 어머니 클라우드를 사용한 예로 웹 서비스를 생각할 수 있는데, 이것은 웹 서버 셀, 데이터베이스 셀, 저장소 셀, 그리고 웹 서비스의 영업 논리를 담은 소프트웨어 서비스 셀을 캡슐화한 것이다. 주로 기반 시설 서비스와 플랫폼 서비스에서 쓰이는 특수한 형태의 클라우드 셀은 클라우드 기어Cloud Gear이다. 클라우드 기어는 바이러스 차단, 하드 디스크 암호화, 공개 파일

의 공유, 백업 같은 응용 프로그램들을 개별적으로 제공하는 전문가용 클라우드 셀이다.

클라우드 셀 패턴

방금 살펴본 웹 서비스 클라우드는 어떤 패턴을 따라간다. 모든 웹 서비스와 마찬가지로 데이터베이스, 약간의 저장소, 사업 로직, 웹 서버를 가지고 있다. 이러한 부속품들은 결국 웹 서비스의 패턴을 묘사해준다. 이와 같은 사용 사례는 꽤 많은데, 이메일 서비스, 재고관리 서비스, 주문 처리 서비스, 음원 스트리밍 서비스 등이 있다. 이들 하나하나는 뚜렷한 기능을 제공하는 클라우드 셀들로 구성된 확실한 클라우드 서비스로 묘사될 수 있다. 그래서 클라우드 패턴은 셀들에 의해 실행되며, 주어진 클라우드 서비스 또는 그것의 활용에 대한 안내들을 제공한다.

패턴은 새로운 개념이 아니다. 클라우드 컴퓨팅에는 객체지향 소프트웨어 분야로부터 소개되었고, 이른바 4인방 Gang of Four: GoF[3]이 처음 문서화했다. 그들은 소프트웨어 패턴을 문제의 해결책을 만들어내는 데 계속 활용될 수 있는 주체 Object로 표현했다. 패턴은 다음과 같은 네 가지 필수적인 요소를 지니

명칭	웹 서버 클라우드 서비스
문제	사용자에게 실시간으로 대응해야 하는 사업용 웹사이트를 호스트
해결책	· 구성 부분품 　1) 웹 서버 셀: Python, Apache HTTP 서버, Node.js 　2) 데이터베이스 셀: PostgreSQL 데이터베이스 　3) 저장소 셀: 다른 셀들을 위한 저장소 제공 　4) 서비스 버스 셀: 백엔드 시스템과 연결 제공 　5) 방화벽 셀: 가상 방화벽이 지역 내 비무장지대를 제공 · 관계: 캡슐화(위의 다섯 개 셀의 복합) · 접속 　1) 내부: 방화벽 → 웹 서버 → (데이터베이스, 저장소, 서비스 버스 셀) 　2) 외부: 사용자(HTTP 서버를 통해), 관리, 백엔드 데이터베이스(서비스 버스를 통해)
결과	· 가격 제도: 소비 기준 가격 · 가치 모델: 사용자 수요 유연성 및 장소 유연성

고 있다.

1. 패턴 이름: 패턴을 떠올리게 하는 어휘를 만드는 정체성
2. 문제 서술: 언제, 어떤 환경에서 패턴을 적용할지에 대한 기술
3. 해결책: 패턴(여기에서는 클라우드 셀들의 명칭)을 만드는 요소들, 그 관계, 인터페이스에 대한 기술
4. 결과: 패턴 활용의 대가와 영향(여기에서는 패턴에 적용되는 가격 및 가치 모델)

〈표 3〉은 웹 서비스의 예를 4인방의 틀을 사용하는 패턴으로 묘사한다. 〈표 3〉의 양식은 특정한 사용 예를 만족시키는 여러 개의 클라우드 패턴을 설명하는 데 쓰일 수 있다. 6장부터 9장까지는 클라우드 서비스 패턴의 다양한 활용 사례를 보여줄 것이다. 패턴의 부속품은 확실한 클라우드 셀이 된다.

클라우드 컴퓨팅:
패러다임의 대전환?

앞의 두 장을 읽고 클라우드 컴퓨팅이 무엇이며 무엇을 하는지 알게 되었을 것이다. 이 장에서는 좀 어려운 질문들을 해보자. 왜 클라우드 컴퓨팅을 해야 하는가? 클라우드 컴퓨팅은 우리에게 무엇을 주는가? 클라우드 컴퓨팅의 특별한 점은 무엇인가? 그것은 당신에게, 당신의 일에, 우리 사회에 어떤 영향을 미치는가? 마이크로소프트의 윈도가 집과 일터에서 유비쿼터스해지며 우리 삶을 바꾸었듯이 클라우드 컴퓨팅은 하나의 패러다임 대전환이다. 클라우드 컴퓨팅은 컴퓨터, 그 위의 소프트웨어, 그리고 직장의 전산·재무 부서, 개인 사업과 공공사업에서 제공하는 많은 기능들을 뛰어넘도록 만드는 기술이기 때문이다.

이 장에서는 클라우드 컴퓨팅의 패러다임 대전환을 세 가지 관점에서 살펴본다. 그 세 가지는 (1) 사회적으로나 개인적으로 어떤 영향을 미치는가, (2) 일을 할 때 어떤 영향을 미치는가, (3) 사업에 어떤 영향을 미치는가이다. 가트너Gartner의 하이프 커브Hype Curve[1]는 클라우드 컴퓨팅을 둘러싼 과장된 기대가 최고조에 있음을 보여준다. 이 장이 그러한 기대에 대한 표징을 보여주는 것이라면, 10장 '클라우드로의 이행'은 이러한 패러다임 대전환을 이루는 현실적인 도구와 틀을 제공해줄 것이다.

사회적 패러다임 전환

우리는 흔히 개인적으로나 사회적으로 어떻게 여가를 보내며 어떻게 사는지를 가리켜 사회생활이라고 표현한다. 이 절에서는 우리의 사회생활이 클라우드 컴퓨팅으로부터 어떤 영향을 받는지 살펴본다. 사회생활에서의 패러다임 대전환을 생각해보기 위해 주요 변화 촉진제인 세 가지 형태의 클라우드 서비스를 다루는데, 사회적(또는 공동체) 클라우드, 개인 클라우드, 사물 클라우드가 그것이다.

사회적 클라우드

사회적 클라우드는 공통점을 가진 사람들의 집단을 위한 것이다. 그 공통점으로는 예를 들어 지리(마을, 지역, 국가, 국제적 경계), 취미(필라테스, 화폐 수집 등), 언어, 이해관계(노동조합, 상공인 연합회 등) 같은 것이 있다. 사회적 클라우드의 회원 자격은 그들이 지닌 공통 요소로 규정된다.

NATO, UN, EU와 같은 단체가 국제적 사회 클라우드를 형성할 수도 있다. 국제기구에 속한 나라의 국민은 해당 클라우드의 회원이 된다. 공통의 이해 또는 이슈가 클라우드 회원 사이에 다뤄지는데, 예를 들어 토론방, 실시간 메시지 교환, 공유 문서의 저장, 화상회의 등을 할 수 있다. 이것들은 안전한 환경에서 실행되는데, 이것이 플랫폼 서비스의 사회적 클라우드 사례이다.

이와 마찬가지로 국가적 수준에서도 사회적 클라우드가 존재할 수 있는데, 건강관리, 교육, 정치, 농업 등에서이다. 수집된 자료는 비개인화되고 종합되어 추세 분석을 제공한다. 예를 들면 건강관리 분야에서 특정 질병 사망률과 관련해 수집한 정보는 특정 지역, 연령대, 소득, 사회적 계층 등에 따라 실시간으로 자동 분석될 수 있다. 이 정보는 합해져 질병 사망률을 연구하는 사람들에게 무료로 제공될 수 있으며, 여러 사망률과 관련하여 사회적 클라우드 회원에게 미치는 영향을 알아보는 데 사용되기도 한다. 더욱이 감염의 범위와 확산 속도가 그런 의료 클라우드에 모아져 국가 또는 지역에 걸친 질병의 확산을 예측할 수 있다. 이제 이런 정보는 의료 자원과 접종약의 분배를 준비하는 데 쓰일 수도 있다.

공동체 클라우드는 공통의 이해관계를 가진 사람들에게 서비스를 제공하는 것이다. 공통의 이해관계로는 농업, 일기예보, 상거래 기관, 금융, 법률, 출판 등을 들 수 있다. 어떤 의미에서는, 공통의 이해관계에 맞춰진 인터넷과 다양한 웹사이트를 통해 우리는 이미 소셜 미디어라고 불리는 인터넷 기반의 공동체가 있다. 이런 것들을 사회적 클라우드로 만드는 일은 클라우드의 탄력성과 적절한 가격 모델을 사용하는 경우이다. 그러므로 사회적 클라우드는 개인적 관점에서는 덜 심각한 패러다임 전환이다. 하지만 클라우드들로 구성된 공동체 클라우드로서의 사회적 클라우드가 있으면 독창적이고 개인적인 방법의 회원 서비스가 가능해진다. 그래서 사회적 클라우드가 높은 단계에 이르면 사회적 클라우드의 회원들에게 서비스 중개인으로서 역할을 하고, 개인의 배경과 이해관계에 맞도록 단체를 만들어간다.

개인 클라우드

개인 클라우드는 사적 용도로 쓰인다. 애플의 아이 클라우드, 구글 드라이브, 마이크로소프트의 원드라이브OneDrive 등이 있으며, 아마도 대부분 경험한 적이 있을 것이다. 이것들은 문서, 전자책E-book, 사진, 파일 등을 저장해서 어떤 기기에서건, 어디에서건 이 파일들에 접속할 수 있게 해준다. 그러나 미래에는 개인적 클라우드의 다양한 사용 예[2]에서 더 폭넓은 선택이 생긴다. 일반적으로 세 가지 범위, 즉 여가활동과 복지, 금융, 쇼핑으로 개인 클라우드를 활용할 수 있다. 몇 가지 예는 미래적으로 보일 수 있지만, 개인 클라우드가 쓰일 수 있는 용도를 잘 보여준다.

· 여가생활 및 복지를 위한 개인 클라우드   현재 아이 클라

우드 같은 저장 클라우드들이 이 범주에 속한다. 앞으로는 규모의 경제 때문에 저장소가 더욱 저렴해질 것이고, 이에 따라 개인의 영화 또는 비디오를 모아놓은 비디오 스트리밍 개인 클라우드가 생길 것이다. 이는 개인적인 유튜브YouTube 서비스를 갖는 것과 마찬가지다.

건강 지갑Health Wallet 같은 또 다른 개인 클라우드는 일정 기간 방문했던 의사들, 건강진단 결과, 건강진단에 든 비용에 대한 정보를 저장할 수 있다. 체중계, 만보기, 혈압계 등이 개인 클라우드에 직접 연결되어 있어서 이상적인 구간을 벗어나면 즉각 경고를 보낼 수 있다(연결된 이런 건강 기기들은 사물 인터넷 또는 클라우드를 떠올리게 하는데, 개인을 진단하고 개인만을 위해 연결되어 있으므로 사물 인터넷보다는 개인 클라우드로 분류된다). 건강 서비스 제공자는 모든 사람의 건강 자료를 모아 객관화해서 최상의 운동 및 건강관리 계획을 분석해낸다. 또한 분석 결과를 보험회사에 팔아 비슷한 환경에 있는 사람들과 관련된 건강 비용을 추정할 수 있게 한다.

여가활동과 관련된 개인 클라우드의 예는 자동차이다. 자동차는 개인의 운전 기록을 파악해 개인 클라우드에 보낼 수 있다. 그런 정보는 예컨대 평균 속도, 운전 경로, 일반적인 운전 습관(공격적 또는 방어적), 사고 기록 등이다. 지금도 어떤 차들에서는 이런 정보가 파악되지만 개인 클라우드가 아닌 차

안에 저장된다. 자동차 보험회사는 이런 정보를 파악해 개인적 운전 기록에 맞는 보험 가격을 청구할 수 있다. 또 다른 예는 지방세 또는 통행세를 내는지에 따라 당신이 근처에 있을 때 조명을 비추는 스마트 조명이다. 이런 세금을 내지 않은 자동차 운전자들은 근거리 통신Near Field Communication: NFC을 써서라도 바로 내지 않으면 불 켜진 도로를 이용하지 못한다. 물론 납세자와 비납세자 사이에 조명 계획을 무산시키려는 합의가 없는 것을 전제로 한다.

· 금융을 위한 개인 클라우드   신용카드 및 은행 청구서를 접수하는 개인 클라우드는 현금 잔고와 예산을 당신에게 바로 보낼 수 있다. 그리고 회계연도 말에 개인 클라우드는 정부의 정보 서비스 클라우드로부터 소득세 정보를 받아 소득세 고지서를 만들 수 있다. 앞으로 정부 기관이 그런 전자식 세금 환급의 납부를 허용한다면 개인 클라우드는 본인의 확인하에 세금 고지서를 관련 정부 기관에 등록할 수 있다. 그러므로 대부분의 개인들에게 세금 환급이라는 지겨운 일이 자동화되고 회계사를 고용할 필요가 없게 된다. 개인 금융 클라우드의 또 다른 예로, 여러 개인 연금, 퇴직 계좌, 위탁 계좌에 걸친 모든 투자의 종합적인 정보를 제공할 수 있는데, 이렇게 하면 필요할 때 단번에 일정 기간의 모든 투자 성과를 평가할 수 있다.

· 쇼핑을 위한 개인 클라우드　　개인 쇼핑 클라우드는 모든 종류의 가게에서 구매한 기록에 근거해 쇼핑 선호를 저장할 수 있다. 그리고 쇼핑 주기를 분석하고, 예측 분석 기술을 이용해 제때에 무엇을 살 필요가 있는지 알려준다. 또 다양한 가게들의 할인 및 가격 정보를 파악해 구매 선택을 제공한다. 더욱이 전자 지갑Electronic Wallet을 통해 물건 값을 빠르고 쉽게 결제할 수 있게 한다. 현재도 여러 회사에서 많은 업무가 전자식으로 진행되며, 몇몇 전자식 지불 방식은 개인 쇼핑 클라우드 또는 전자 지갑과 통합될 수 있다.

사물 클라우드

사물 클라우드는 하나 또는 복수의 살아 있는 주체가 이용하는 사물(무생물)의 관리 및 사용을 돕는 클라우드 서비스이다(이런 물건들은 사물 인터넷으로 연결되어 있다). 예를 들어 집을 위한 클라우드 서비스가 있다. 이 클라우드는 안전, 화재, 조명 등과 관련된 여러 센서들로부터 정보를 받고 자동으로 커튼, 화재 경보, 조명, 그리고 당신 및 다른 거주자를 위해 집 안의 난방 등을 통제한다. 그뿐 아니라 커튼은 언제 치는지, 조명은 언제 켜는지 등 방 거주자의 개인적 사용 기록을 저장한다. 마찬가지로 직장에서는 편의 시설 클라우드를 이용할 수 있다. 이런 클라우드는 당신에게 편의를 제공하기 위해 자동 관리하는 물리적 과정이 있으므로 좋은 사업 과정 서비스의 사례인데, 커튼을 치거나 조명을 관리해준다. 또 다른 예로는 회의실 클라우드가 있는데, 회의실 사용 여부를 기록해두어 특정 시간에 당신이 회의실을 예약할 수 있도록 해준다. 또한 안전 관리인이나 식음료 담당자 같은 관련자에게 회의실 사용 여부를 알려 회의실을 편하게 쓰도록 한다. 회의실 클라우드는 회의실 클라우드들로 구성된 집합 클라우드에 속해 있어 어떤 회의실이 사용 중이면 적당한 다른 회의실을 선택할 수 있게 해준다. 예를 들어 공간의 크기, 위치 등 당신의 기준을 만족시키는 회의실을 고를 수 있다. 회의실 집합 클라우드는 설비 클라우드에 속해 있는데, 이것이 바로 복합 클라우드이다. 앞 장의 '클라우드 관계'라는 제목이 달린 절에서 설명했듯이 우리는 캡슐화, 연합, 복합, 총합 등을 통해 사물 클라우드 간의 다양한 관계를 만들 수 있다.

업무 패러다임 전환

직장에서는 다음과 같은 두 가지 큰 흐름이 나타나고 있다.

· 단말기가 제로 클라이언트Zero Client 또는 신 클라이언트Thin

Client로 바꾸고 있다.

· 유비쿼터스 컴퓨팅의 도입으로 업무상 어떤 기기를 써도 된다.

단말기(노트북 또는 데스크톱)는 응용 프로그램이 장착되지 않은 것으로 바뀌는 중이다. 운영체제를 실리콘 칩에 갖고 있으면 제로 클라이언트, 디스크로 된 운영체제를 필요로 하면 신 클라이언트라고 불린다. 단말기에 아무런 응용 프로그램도 지니지 않으려면 클라우드 기반 위의 응용 프로그램을 사용해 신 클라이언트나 제로 클라이언트에서 업무를 해야 한다. 이러한 응용 프로그램들의 숙주 클라우드는 다양한 배치 모델을 지닐 수 있는데, 예를 들어 사적, 공개, 공동체, 개인 클라우드가 있다.

일반적으로 오피스 프로그램이나 이메일처럼 생산성과 관련된 응용 프로그램을 위해서는 공개 클라우드 서비스를 쓰지만, 개인만의 응용 프로그램을 위해서는 사적 클라우드 서비스를 사용한다. 그러나 응용 프로그램이 반드시 클라우드에 근거를 둘 필요는 없다. 전통적인 물리적 컴퓨팅이나 가상의 컴퓨팅을 사용하는 데이터 센터의 서버에도 있을 수 있다. 응용 프로그램이 웹 브라우저를 통한 접속도 허용하는 한 호스팅을 위해 깔려 있는 기술과 상관없이 사용할 수 있다. 제로 클라이언트나 신 클라이언트의 이점은 회사의 전산 부서가 수많은 다양한 단말기에 깔려 있는 모든 응용 프로그램들을 관리할 필요가 없다는 것이다. 그 대신 그들은 클라우드 내 한 개의 응용 프로그램만 관리하든가, 제3의 클라우드 서비스에서 제공된 응용 프로그램에 접속한다. 또 다른 이점은 단말기에 디스크나 저장 장치가 없으므로 클라우드 기반의 자료 저장소를 대신 사용하고, 작업 정보도 중앙 또는 좀 더 안전한 자료 저장소에 저장한다. 이는 설령 단말기가 없어지거나 도난을 당해도 회사의 자료는 손상되지 않는다는 뜻이다. 실제로 대부분의 응용 프로그램 호스팅, 저장, 그리고 컴퓨팅 작업이 클라우드 안의 어디에선가 이루어지므로 제로 클라이언트나 신 클라이언트만을 교체하는 것은 비용이 덜 든다.

유비쿼터스 컴퓨팅은 학생들이 대학 캠퍼스로 갖고 오는 컴퓨터 과잉 문제에 대응하기 위해 시작되었다. 여러 학생의 기기들이 대학 제공 응용 프로그램들과 정보에 접속할 수 있도록 한다는 것은, 대학의 전산 부서가 관리한 적도 없고 어떤 통제도 할 수 없는 기기들이 대학의 자원에 접속하도록 안전한 방법을 마련해야 한다는 뜻이다. 기술이 발전하면서 BYOD Bring Your Own Device라고 부르는 각자의 기기를 가져오는 방식이 이제는 회사가 직원에게 전산을 제공하는 방법으로 쓰이고 있다. 그러나 유비쿼터스 컴퓨팅은 BYOD를 넘어선 것인데, 이는 직장이나 학교에서뿐 아니라 어디에서건, 어떤 기기를 쓰더라도, 어떤 시간에도 회사(또는 학교)의 정보에 접속하고 작업할 수 있다는 뜻이다. 이러한 컴퓨팅 체계가 시작되면서 전산 부서는 점차 클라우드 서비스 중개인처럼 되어, 직원들이 업무 목적으로 쓸 수 있는 클라우드 컴퓨팅 응용 프로그램의 사용 가능 목록을 갖게 되었다. 이러한 클라우드 기반의 응용 프로그램들은 어디에서나, 아무 때나, 어떤 기기로도 사용이 가능하다. 기기에서 사용되고 저장되는 모든 자료는 샌드박스Sandbox라고 부르는 장치의 안전한 장소에 저장된다. 샌드박스는 당신이 직원이 되었을 때 만들어지고 회사를 떠나면 없어진다. 허용되는 응용 프로그램만 이곳에 접속이 가능하도록 정보를 저장하고, 그 정보는 선택적으로 암호화된다.

조직과 사업 패러다임 전환

대부분의 사업자들은 메일 서버와 웹 서버 같은 중앙 응용 프로그램을 돌보는 전산 부서를 둔다. 사업과 관련이 있는 전산 영역은 고객에게 제품이나 서비스를 직접 전달하는 사업 단위 현장에서 실행된다. 중앙 집중화된 전산 부서가 허브 역할을 하고 여러 사업 단위는 주변에서 바큇살처럼 독자적으로 움직이는 허브 앤드 스포크Hub and Spoke 모델이 되는 셈이다. 만일 중앙 전산 부서가 다양한 사업 단위에서 쓰이는 응용 프로그램들을 모르는 경우 이런 응용 프로그램들과 컴퓨터들은 그림자 전산Shadow IT으로 분류된다. 그런 응용 프로그램들이나 그것들의 호스트인 컴퓨터가 고장 나는 경우 지원상 문제가 생기게 된다. 힘이 센 전산 부서는 그림자 전산에 대한 지원을 거부하는 반면, 약한 전산 부서는 시스템을 학습하는 데 추가적인 노력과 돈이 드는데도 지원한다. 여하튼 그림자 전산은 잠재적인 보안 문제뿐 아니라 비표준화라는 특성 때문에 추가 비용이 든다. 그래서 회사에게 그림자 전산은 위험 부담이 된다.

클라우드 컴퓨팅으로 더 많은 응용 프로그램이 활용되면 그림자 전산에 대한 의존도가 증가하는데, 〈그림 10〉에서 볼 수 있듯이 비용 문턱이 낮아지기 때문이다. 클라우드 컴퓨팅의 추출 수준이 커짐에 따라 그림자 전산을 관리·지원하는 기술 수준이 약화되고, 이는 그림자 전산 비용을 줄이는 데 공헌하는 요소가 된다. 그래서 회사에서 쓰이는 대부분의 전산이 클라우드 기반으로 된다. 중앙의 전산 부서는 살아남기 위해 진화하여 클라우드 서비스 중개인이 된다. 이렇게 함으로써 사업 부문들은 전산에 관해 반≄자주적 중앙 집중 구조로 일할지 여부를 결정할 수 있게 된다. 더욱이 그림자 전산은 전산

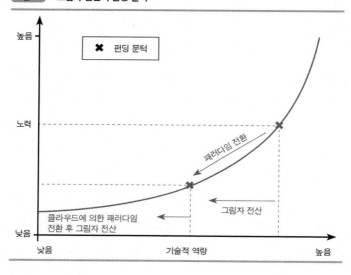

그림 10 **그림자 전산의 펀딩 문턱**

- 높음
- 노력
  - ✖ 펀딩 문턱
  - 패러다임 전환
- 낮음
  - 클라우드에 의한 패러다임
  - 전환 후 그림자 전산
  - 그림자 전산
- 낮음
- 기술적 역량
- 높음

의 주류가 되므로 더 이상 그림자 전산으로 분류되지 않는다. 클라우드 서비스의 중개인으로서 전산 부서는 구매 부서의 전문가 그룹이 되는 셈인데, 이는 대부분의 전산 및 전산 관련 자원들이 서비스로서 구매되고, 사용하는 만큼 지불하는 방식으로 쓰이기 때문이다. 클라우드 컴퓨팅 및 관련 기술들 때문에 늘어난 전산의 일반 상품화는 이런 상황을 더욱더 가능하게 하는데, 〈그림 10〉에서 보여주듯이 전산을 사용하고 구매하는 기술적 능력에 대한 요구가 줄어들게 된다. 전산 부서의 기능은 클라우드 서비스 제공자와 계약하는 것으로 진화하고,

전산 부서가 관리하는 클라우드 서비스 목록에 이런 서비스들이 열거·설명된다.

전산 부서는 어떻게 클라우드 서비스의 가치를 측정할 것인가? 클라우드 서비스 목록을 통해 제공되는 서비스를 선택하기 위해서 여러 다른 클라우드 서비스 제공자들의 다양한 가격 정책들을 어떻게 비교할 것인가? 다음 장에서는 가격과 가치 모델을 논의하며 이 질문을 생각해보자.

4

가격과 가치 모델

모든 과업에는 결부된 비용과 혜택이 있다. 클라우드 서비스를 소비하는 것도 다르지 않다. 이 장에서는 클라우드 서비스를 사용하는 데 드는 비용 요소와 가격 모델이라고 부르는 다양한 가격 제도를 평가한 후 지불하는 가격에 대해 살펴본다(가격 모델은 가격 책정 모델이라고도 한다). 클라우드 서비스에 지불하는 가격을 보상받기 위해 어울리는 혜택을 확보할 필요가 있다. 그 혜택은 클라우드 컴퓨팅과 관련된 가치 모델을 검토해 평가한다. 가격과 가치 모델을 이해하면 다양한 클라우드 서비스를 객관적으로 평가할 수 있는데, 이를 돕고자 클라우드 서비스를 재무적 관점에서 평가할 때 사용하는 다양한 재무 지표들에 대한 논의로 이 장을 끝맺기로 한다.

가격 모델

가격 모델은 제품이나 서비스의 가치를 누리기 위해 지불하는 가격을 정립하는 수단을 제공한다. 클라우드 서비스의 제공자는 비용 모델을 사용해 클라우드 서비스를 준비·운용하는 비용을 계산한다. 그러면 비용 모델은 가격 모델로 변환된다. 선택되는 가격 모델의 종류는 클라우드 서비스 제공자의 사업 모델, 마케팅 전략, 기대 수익에 달려 있다. 클라우드 서비스를 객관적으로 비교하기 위해서는 다양한 종류의 가격 모델을 아는 것이 중요하다.

모든 가격 모델은 비용 모델로 시작한다. 비용 모델은 재무적 모델인데, 특정 클라우드 서비스 제공자가 그것을 시작·운영하여 3년 후에 새로운 기술로 개선하는 데 얼마나 많은 돈이 드는지를 알아내는 것이다. 3년은 기술이 구식이 되는 통상의 기술 생존 기간이며, 5년은 일반적으로 클라우드 제공자가 기술을 교체하는 최대한의 기간이다. 비용 모델은 물가 상승, 환율 변화(필요한 경우), 감가상각, 전력비용(많은 수의 서버가 필요로 하는 전력과 냉방 때문에 중요할 수 있음), 사무실 공간 비용, 소프트웨어 사용 허가권 비용, 인건비, 서버들을 구매해 운영하는 자본비용을 포함한다. 이익과 위험 요소를 이 모든 합계 위에 더해서 가격을 산출한다. 가격은 반복적 요소와 비반복적 요소라는 두 가지 측면의 특성이 있다. 가격의 비반복적 요소는 순현재가치를 일련의 반복적인 현금 흐름으로 상각함으로써 반복적 요소로 전환된다(이 계산법에 대해서는 이 장의 끝에서 논의한다). 이 현금 흐름은 반복적인 요소에 합쳐져 제공 서비스의 월 가격 금액이 된다. 반복되는 가격 금액은 가격 모델이라 불리며 클라우드 서비스를 판매하고 마케팅하는 데 사용된다.

많은 가격 모델이 존재한다. 그것들을 폭넓게 유틸리티, 서비스, 성과, 마케팅 지향 모델로 분류해보자. 오늘날의 클라우드 컴퓨팅은 대부분 유틸리티 또는 서비스 가격 모델을 사용한다. 그럼에도 많은 모델들이 있는데, 이는 재무적·사업적 혁신이 기술적 혁신을 따라잡아야 하기 때문이고, 따라서 덜 활용되는 모델도 미래에는 클라우드 컴퓨팅 영역에 들어올 수 있도록 하려는 것이다. 이어서 논의하는 다양한 가격 모델에 대한 모든 선택 가능성을 평가한 후 당신만의 사적, 공동체, 또는 혼합형 클라우드를 만들려는 경우에 이용할 모델을 선택하거나 당신 고유의 모델을 정의할 수도 있다.

유틸리티 가격 모델

계량적인 가격 모델인 유틸리티 모델은 서비스의 사용이 측정되어 그에 따라 지불되도록 하는 것이다. 유틸리티 회사가 채택하는 가격표에서 시작된 것으로 정기적인 지불이 특징인데, 흔히 월 단위로 클라우드 서비스 제공자에게 지불한다. 여기에서는 소비 기준, 거래 기준, 가입 기준이라는 세 가지 유틸리티 가격 모델을 논의한다.

· 소비 기준 가격 모델　소비 기준 가격 모델은 기반 시설 서비스와 플랫폼 서비스에 통상 적용되는 모델이다. 사용하는 컴퓨팅 자원, 예를 들어 저장량(메가바이트, 기가바이트), 계

산 및 처리 능력(CPU 사이클 또는 사용하는 프로세서의 번호), 기억용량(메가바이트, 기가바이트)에 대해 지불하는 것이다. 이러한 자원에 대한 평균 소비량이 하루, 일주일, 또는 월 단위로 계산된 후 평균 사용에 대해 지불한다. 이것은 아직 초보 단계의 모델로서 소프트웨어 서비스, 정보 서비스, 사업 과정 서비스에는 잘 맞지 않는데, 사업이 어떻게 운영되는지 알고자 할 때 필요한 자원을 의미 있게 평가하는 데 적합하지 않기 때문이다. 예를 들면 최신의 세금 규정을 제공하는 정보 서비스에 대해서는 그 정보를 전달하기 위해 얼마나 많은 CPU 또는 기억용량을 사용했는지 괘념치 않아야 한다. 그러나 클라우드 서비스 제공자에게는 응용 프로그램 사용 허가권, 자료 수집, 유지·보수비용과 같은, 서비스를 제공하기 위해 필요한 다른 요소가 또 있을 수 있다. 그래서 소프트웨어 서비스, 정보 서비스, 사업 과정 서비스에는 다른 가격 모델이 적당하다.

· 거래 기준 가격 모델　　　거래 기준 가격 모델은 컴퓨팅 자원 대신 거래량을 가격 산정의 근거로 사용한다. 거래에는 사업 과정 서비스로 청구서를 처리하는 거래, 정보 서비스로 하는 자료 관련 거래, 소프트웨어 서비스로 하는 응용 프로그램 관련 거래 등이 있을 수 있다. 기반 시설 서비스와 플랫폼 서비스도 거래 기준 가격을 가질 수 있는데, 예를 들어 컴퓨팅

자원 사용의 지표로 대역폭을 사용한다. 즉, 각 거래가 사용한 대역폭을 평가함으로써 소비 기준 가격이 거래 기준 가격으로 전환된다.

거래의 비용은 주어진 시간 동안의 추정된 거래량으로 제공되는 클라우드 서비스를 나누어서 계산한다. 이것은 단위당 거래 가격이 된다. 이런 가격 모델은 다음과 같은 환경에서 적당하다.

- 거래량이 알려져 있고 예측이 가능하다.
- 사업 과정이 명확히 정의되고 거래가 분명한 단위로 측정될 수 있다.
- 거래량은 비용 유발 요인Cost Driver과 연동되어 있다.
- 클라우드 서비스 제공자의 관점으로 보면 사업 과정이 표준화되어 있고 거래를 통해 이루어진다.

거래 기준 가격은 정보 서비스나 사업 과정 서비스 추출 수준에 가장 적당하고, 모든 클라우드 배치 모델에도 알맞다.

· 가입 기준 가격 모델　　먹고 싶은 만큼 먹을 수 있는 방식처럼 가입 기준 가격 모델은 서비스에 가입하면 가격을 지불하는 방식이며, 통상 월 단위로 지불한다. 유사한 예로 잡지

구독을 들 수 있는데, 우리는 잡지를 모두 읽든, 부분만 읽든, 전혀 읽지 않든 일정한 비용을 지불한다. 웹 기반의 잡지 또는 뉴스 포털이 시작되면서 내용물이 자주 바뀌고, 그 양도 종이 잡지처럼 정해져 있지 않다. 이런 서비스를 위한 가입비는 새로운 내용물이 생산되는 정도보다 그것을 소비하는 능력이 부족하므로 마음대로 먹을 수 있는 모델을 닮아간다. 어떤 경우는 가입비를 지불해야 하는 계약 기간이 있다. 예를 들면 클라우드 컴퓨팅에서는 배당된 컴퓨팅 자원에 대한 월정액이 있고, 이 할당된 자원을 썼는지 여부와 관계없이 월정액을 지불하게 된다. 그런가 하면 석 달의 사전 고지 기간이 있어서 서비스를 더 이상 사용하지 않기로 결정하면 3개월 전에 고지할 필요가 있다. 가입 기준 가격 모델은 모든 클라우드 배치 모델과 추출 수준에 유용하게 쓰일 수 있다.

서비스 가격 모델

서비스 가격 모델은 클라우드 서비스를 이용할 때 정해지는 서비스 수준, 위험 전가, 또는 절약된 비용 같은 혜택을 클라우드 서비스의 가격을 책정하는 기준으로 삼는다. 크게 보면 고정 가격 모델은 위험 전가 모델인 데 반해, 다른 두 모델은 사용량과 연동해 클라우드 서비스 사용자에게 돈과 서비스 혜택을 제공한다.

· 고정 가격 모델　　서비스에 대해 지불하는 비용은 년, 분기, 또는 월별로 정해진다. 고정 가격제는 반복적 가격과 비반복적 가격이라는 두 가지 요소로 구성된다. 후자는 시작 시점에서 한 번에 지불하는 것으로, 추후 일정한 간격의 반복적 지불이 수반된다. 고정 가격 모델은 일반적으로 단기적 목표에 잘 맞춰 정의된 범위가 있을 때 선택된다. 배달, 사람, 품질과 관련된 위험 부담을 전가하기 위해 쓰이지만, 얼마나 많은 서비스를 어떤 규모로 쓸지 결정하기 때문에 서비스 범위를 책정하는 위험 부담은 스스로 지게 된다. 위험 전가는 클라우드 서비스 제공자와 정하고 합의한 서비스 수준 계약SLA을 통해 이루어진다. 고정 가격제는 모든 클라우드 전개 모델 및 추출 수준에 잘 쓰일 수 있다.

· 사용량 기준 가격 모델　　사용량은 사용자의 수, 저장소의 양, 거래의 속도(분당 또는 시간당 거래 수로 표시), 대역폭의 크기, 사용되는 처리 능력 등과 연관된다. 이 중 어느 변수든 클라우드 서비스에 지불하는 가격을 결정하는 데 근거로 사용될 수 있다. 사용량은 시간이 지나면서 사업 흐름에 따라, 또는 마케팅 드라이브 같은 이벤트에 따라 변하므로 가격도 함께 변한다. 그러므로 규정·계산·측정이 필수적이다. 예를 들어 소비량 기준의 가격 모델로 클라우드 서비스를 쓰는 종업원들

의 신 클라이언트 컴퓨팅 서비스의 가격은 하루 평균 사용자, 최대 사용자, 할당된 사용자, 동시 사용자, 또는 이것들의 조합을 근거로 계산될 수 있다. 사용량 가격 정책에 이용되는 다른 변수들도 마찬가지다. 사용량 가격 정책은 기반 시설 서비스나 플랫폼 서비스에 주로 쓰이지만 다른 추출 수준에도 적당하다.

· 단계별 가격 모델　　단계별 가격 모델은 서비스 수준 계약, 사용량, 또는 사용 금액을 근거로 단계를 나눈 형태의 가격 제도이다. 한 항공사를 이용해 여행하면서 지불했던 금액에 따라 결정되는 회원 수준 단계와 비슷하다. 매년 일정 금액을 사용하면 큰 할인율이 적용되는 단계별 가격과 비슷한 형태를 클라우드 컴퓨팅에 적용할 수 있다. 한편으로는 서비스 수준 계약을 기준으로 단계를 나눌 수 있는데, 서비스 수준 계약이 엄격하면 더 지불하는 것이다. 예를 들어 세 단계의 서비스 수준과 세 단계의 가격 단계가 있다고 하면 각 단계가 올라갈수록 더 큰 혜택을 주는 식이다. 또는 서비스를 받는 사용자 수 같은 수량 지표가 기준인 단계도 있다. 직원들이 서류를 저장한 뒤 어디에서나, 어떤 컴퓨터로도 그 자료에 접속할 수 있는 저장소를 클라우드 서비스 제공자에게 요청한다고 치자. 저장 공간 제공자는 가격에 세 단계를 둘 수 있다. 즉, 100명

이하의 사용자인 경우 1인당 월 5달러, 100~1000명의 사용자를 위한 저장 공간은 1인당 월 4달러, 1000명 이상의 경우는 1인당 월 3달러이다. 사용량을 기준으로 구간을 나누어 가격을 책정하는 것이 단계별 가격 모델이다. 단계를 만드는 기준은 사용량, 서비스 수준, 사용 금액 등이 될 수 있다. 단계별 가격 제도는 모든 클라우드 배치 모델 및 추출 수준에 사용 가능하다.

성과 가격 모델

성과 모델은 지불 가격을 결정하기 위해 주요 지표들 또는 기준점들에 의존하는 벤치마크 기준 모델이다. 대부분의 성과 모델은 종업원 보수 또는 외주와 관련된 가격 전략에서 시작되었는데, 클라우드 컴퓨팅, 특히 사적 또는 혼합형 클라우드 서비스에 적용될 수 있다. 어떤 경우에 이 모델은 진정한 동반자 관계를 만들기 위해 사업의 목표를 서비스 제공자의 목표와 나란히 하면서 사용된다. 성과 가격 모델은 다음과 같은 공통적 특징을 보인다.

- 명확히 정의된 결과물 또는 쉽게 측정될 수 있는 지표를 필요로 한다.
- 지표는 사업 과정 또는 결과물에 맞춰진다.

결과물, 사업 연계, 이득 공유 가격 모델은 성과 모델의 범주 안에 있다.

· 결과물 기준 가격 모델　　출시 시기를 단축하기 위해 클라우드 컴퓨팅을 사용하려 한다면(7개의 가치 모델 중 하나) 결과물과 연계된 보너스 지불을 클라우드 서비스 제공자와 흥정할수 있다. 대부분의 결과물은 다음 절에서 논의하는 가치 모델에 적힌 클라우드 컴퓨팅의 가치 제안서와 연관된 지표를 사용한다. 결과물 기준 모델과 성과 관련 가격 모델 사이에는 심리적인 차이점이 있다. 전자의 경우 결과물이 달성되면 제공자에게 보너스를 지급하고, 후자는 서비스 수준 또는 혜택이 달성되지 않으면 벌금을 부과한다. 결과물 기준 모델은 보상에 기초한 가치 문화를 창출하기 위해서 보통은 고정 가격 모델 같은 다른 모델들과 함께 사용된다.

· 사업 연계 가격 모델　　결과물 기준 모델은 클라우드 컴퓨팅의 가치를 측정하는 지표를 사용하는 반면에, 사업 연계 모델은 사업 모델에 영향을 미치는 핵심 성과 지표Key Performance Index: KPI에 대한 클라우드 컴퓨팅의 공헌 정도를 측정한다. 여러 어려움 중 하나는 사업의 결과물과 클라우드 컴퓨팅의 공헌을 연결하는 것이다. 〈그림 11〉은 〈그림 12〉부터 〈그림 18〉

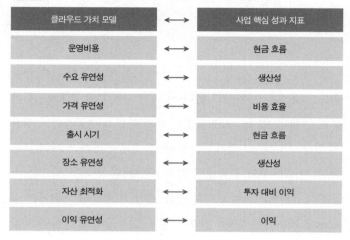

그림 11   클라우드 컴퓨팅의 목표와 사업·재무 핵심 성과 지표의 연계

클라우드 가치 모델		사업 핵심 성과 지표
운영비용	←→	현금 흐름
수요 유연성	←→	생산성
가격 유연성	←→	비용 효율
출시 시기	←→	현금 흐름
장소 유연성	←→	생산성
자산 최적화	←→	투자 대비 이익
이익 유연성	←→	이익

까지 설명된 가치 모델에 따라 클라우드 컴퓨팅을 사용하는 목적, 그리고 사업 핵심 성과 지표로 표현된 연관 사업 결과물을 보여준다.

· 이득 공유 가격 모델   이득 공유 모델은 종업원 보상 계획에 뿌리를 둔다. 이 구상은 조직이 이득을 얻으면 이득의 일정 부분을 종업원과 나눈다는 것이다. 전형적인 이득 공유 조직은 성과를 측정하고, 미리 정해진 공식을 사용해 이득을 모든 종업원과 나눈다. 조직의 실제 성과는 과거의 평균(표준 또는 기준 성과라고 알려짐)과 비교해 이득의 금액으로 정한다. 클

라우드 컴퓨팅에서는 어떤 서비스 수준이 달성되지 않으면 위약금을 무는 한편, 서비스 수준이 초과되면 이익을 공유함으로써 서비스 제공자에게 보상한다. 이것은 심리적으로 다른 접근 방법이다. 그런가 하면 이득 공유 모델과 위약금 기준 성과 모델을 합쳐서 혼합형 성과 모델을 만들 수도 있다.

마케팅 가격 모델

어떤 가격 모델은 성과보다는 마케팅으로 정해진다. 핵심 동인은 이익을 창출하기 위해 가능한 한 많은 구매를 끌어내어 자금화하는 것이다. 여기에서는 두 가지 마케팅 주도 가격 모델을 다룬다.

· 무료 가격 모델　　두 종류의 무료가 있다. 하나는 구매 전에 좀 더 추가된 서비스를 테스트해보는 것이고, 다른 하나는 무료 서비스를 받지만 광고를 수용함으로써 서비스 가격을 보상하는 것이다. 이 모델은 링크드인 LinkedIn 이나 드롭박스 같은 소프트웨어 회사가 잘 사용하므로 소프트웨어 서비스에 특히 적당해 보인다. 제한적 기능성이 있는 무료 버전을 제공하지만 추가 기능의 프리미엄 서비스에 대해서는 지불 선택권을 준다. 이 구상은 사용자를 끌어들이고 유지하기 위해 무료 버전으로 충분한 가치를 제공하고, 확장 버전에 더 많은 가치를

포함시켜 사용자가 서비스를 전환하고 서비스 제공자의 수익을 최대화하도록 한다.

· 면도날 가격 모델   이 가격 모델은 두 요소, 즉 기본 요소와 이 기본 요소가 서비스를 제공할 때 사용하는 재사용 가능 요소에 의존한다. 이것은 면도기를 싸게 또는 무료로 받고 소모되는 면도날의 가격으로 보상하는 것과 비슷하다. 프린터가 또 다른 예이다. 프린터는 싸게 팔지만 프린터 잉크를 비롯한 각종 소모품으로 가격을 보상한다. 클라우드의 경우에도 이 서비스를 사용하는 기기 또는 응용 프로그램을 무료로 제공하는 대신, 클라우드 서비스에서 저장·분석·발표된 자료로 보상할 수 있다. 예를 들면 클라우드 서비스에 정기적으로 자료를 자동 발송하는 혈압 감시기가 있다. 클라우드 서비스는 이 자료를 저장·분석해서 일정 혈압 수준이 넘어서면 경고음을 보내는 데 사용한다. 감지기는 무료 또는 저가로 제공되고, 소비자는 감지기의 정보를 의미 있게 만드는 클라우드 서비스 사용에 대해 지불한다. 또 다른 예로는 소비자가 여러 종류의 물건을 살 수 있는 가상의 상점 쇼윈도 기능을 하는 아마존의 킨들Kindle이 있다. 할인된 가격에 팔리는 킨들은 로스 리더Loss Leader라고 불리는데, 이 장치의 활용을 통해 할인가가 상점의 매출 수익 증가로 보상된다.

혼합형 가격 모델

앞에서 논의한 유틸리티, 서비스, 성과 가격 모델은 서로 배타적인 것이 아니다. 이들을 합쳐 혼합형 모델을 만들 수 있는데, 예를 들면 단계별 접근 방법을 활용하는 가입 기준 제도를 만들 수 있다. 어떤 수준으로 매년 쓰는 돈이 있다면 그 수준은 적용받을 할인 단계를 정하는 데 쓰인다. 또 다른 접근 방법으로서 고정 가격제의 위험 전가와 유틸리티 가격 모델의 감당 능력을 결합해 고정된 월정 요금을 만들 수 있는데, 쓰고 싶은 만큼 서비스를 쓸 수 있도록 고정된 월별 가격을 제공하는 것이다. 이런 형태의 혼합형 가격은 구글 닥스나 마이크로소프트 365 같은 공개 클라우드 서비스에 아주 흔하다. 사실상 규모가 크고 장기적인 서비스에서, 특히 시간을 두고 완벽을 기할 필요가 있을 때 좋은 가격 모델이다. 혼합형 가격 모델은 모든 클라우드 추출 수준과 배치 모델에 성공적으로 적용될 수 있다.

가치 모델

일반적으로 가치란 비용을 서비스 혜택으로 상쇄할 때 얻어내는 것이다. 혜택의 총계는 서비스 수준 계약으로 구체화해 받는 것으로 생각할 수 있다. 클라우드 컴퓨팅 혜택의 총합에서 비용을 빼면 가치를 의미하는, 식별할 수 있는 덩어리에 도달하게 된다. 가치는 혜택에서 비용을 빼는 계산을 필수적으로 하기 때문에 비용 혜택 분석을 포함한다.

다양한 분야에 여러 형태의 가치 모델이 있는데, 몇 개의 이름을 들어보면 사용자 기대 가치 모델, 장소 가치 모델, 고객 가치 모델 등이 있다. 클라우드 컴퓨팅의 목적에 비춰볼 때 가치 모델이란 클라우드 컴퓨팅의 사용자인 당신에게 가치를 정의하는 표준적 양식이고, 비슷한 상황에 있는 많은 사용자에게 공통적인 것이어야 한다. 클라우드 컴퓨팅의 다양한 혜택을 생각하며 일곱 가지 클라우드 컴퓨팅 가치 모델을 알아보자. 그것은 〈그림 12〉부터 〈그림 18〉까지에 나와 있는 (1) 운영비용, (2) 사용자 수요 유연성, (3) 가격 유연성, (4) 출시 시기 민첩성, (5) 장소 유연성, (6) 자산 최적화, (7) 이익이다.

운영비용

클라우드 서비스를 제공하려면 전산 부문은 서비스를 창출·유지하기 위해 미리 자본 투자를 해야 한다. 그리고 서비스 수준을 계속 맞추려면 추가 용량을 만들 필요도 있다. 이러한 모든 자본비용은 그 자본이 다른 곳에 쓰여 사업 기회를 추구하는 데 쓰일 수도 있으므로 기회비용이 된다. 반대로 실제

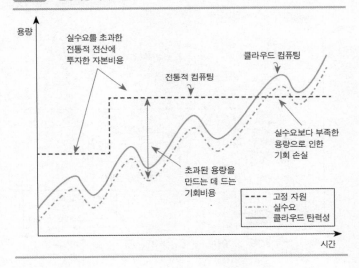

그림 12　운영비용 가치 모델

용량

실수요를 초과한
전통적 전산에
투자한 자본비용

클라우드 컴퓨팅

전통적 컴퓨팅

실수요보다 부족한
용량으로 인한
기회 손실

초과된 용량을
만드는 데 드는
기회비용

- - - - 고정 자원
-·-·- 실수요
───── 클라우드 탄력성

시간

수요가 투자된 계산 능력을 초과한다면 그 초과 수요는 맞출
수 없거나 서비스 수준의 저하가 발생한다. 충족되지 못한 수
요는 사업에 손실을 초래하므로, 결과적으로 사업의 기회적
손실이 된다. 〈그림 12〉에 그려져 있는 클라우드 컴퓨팅의 운
영비용 모델은 기회비용과 손실을 피하기 위해 탄력성을 사
용한다.

〈그림 12〉에서 컴퓨팅 용량을 나타내는 위쪽 방향으로 기
울어진 곡선은 상호 배타적인 두 가지 가정에 근거를 두고 있
다. 그것은 클라우드 컴퓨팅으로 인해 사업 수요가 증가하고

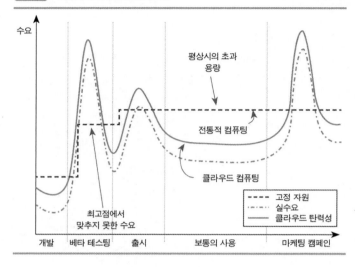

그림 13 사용자 수요 유연성 가치 모델

- 수요
- 평상시의 초과 용량
- 전통적 컴퓨팅
- 클라우드 컴퓨팅
- 고정 자원
- 실수요
- 클라우드 탄력성
- 최고점에서 맞추지 못한 수요
- 개발
- 베타 테스팅
- 출시
- 보통의 사용
- 마케팅 캠페인

자동화(즉, 탄력성과 자원)가 더 많이 진행된다는 것이다.

사용자 수요 유연성

고객에게 제공하는 모든 상품이나 서비스는 개발, 테스트, 출시, 마케팅, 정상적 사용 등의 라이프 사이클이 있다. 각 단계에는 컴퓨터에 대한 수요 변화가 있어 전 라이프 사이클에 걸쳐 고점과 저점을 갖는다. 이 모든 경우의 수요를 충족시키기 위해서는 투자를 하거나 과잉 컴퓨팅 용량을 매각할 필요가 있다. 어떤 경우든 수요를 맞출 수 없는 기간이 있는데, 특히 제품 출시와 마케팅 전개 시기가 그렇다. 〈그림 13〉에서 볼 수 있듯이 클라우드 컴퓨팅 수요 유연성 모델은 제품 라이프 사이클상 다양한 컴퓨팅 수요를 필요할 때 확실히 맞추기 위해 탄력성을 사용한다. 컴퓨팅에 대한 투자, 즉 컴퓨팅 서비스의 비용은 제품 라이프 사이클에 걸쳐 수요 변화에 따라 변화한다.

가격 유연성

전통적 컴퓨팅이든 클라우드 컴퓨팅이든 상관없이 컴퓨팅의 가격 추이는 하향세인데, 신기술이 빨리 계속 들어오기 때문이다. 하향 추세에 영향을 끼치는 또 다른 요소는 낡은 기술이 낙후되어 새로운 기술을 채용하면서 만들어지는 규모의 경제이다. 클라우드 컴퓨팅은 필요 내용과 소요량의 변화에 따라 각각 다른 가격 모델을 채택함으로써 하향하는 가격 곡선을 한 단계 더 낮추는 능력을 만들기도 한다. 예를 들어 소요량이 적을 때는 소비 가격제가 가장 적당한 반면, 소요량이 많아지면 성과 가격제가 더 적당하다. 가격제를 선택할 수 있다는 것은 같은 서비스 제공자를 그대로 쓰든, 다른 제공자로 바꾸든 같은 값에 더 많은 가치를 얻도록 한다는 것이다. 〈그림 14〉에 그려져 있는 클라우드 컴퓨팅의 가격 유연성 가치 모델은 오랜 기간에 걸쳐 수요, 양, 환경이 변함에 따라 컴퓨팅 비

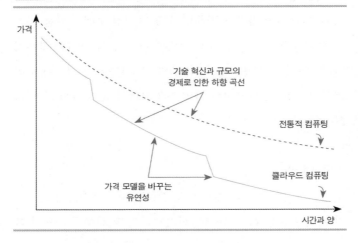

그림 14 가격 유연성 가치 모델

기술 혁신과 규모의
경제로 인한 하향 곡선

가격

전통적 컴퓨팅

클라우드 컴퓨팅

가격 모델을 바꾸는
유연성

시간과 양

용을 줄이기 위해 다른 가격제를 사용하는 것을 보여준다. 단
계별·혼합형 모델은 클라우드 서비스 제공자가 수요량 증가
에 따라 더 많이 할인해주기 위해 이용하는 예이다.

출시 시기 민첩성

클라우드 컴퓨팅에서 〈그림 15〉의 출시 시기 가치 모델은
하나의 컴퓨팅 환경에서 다른 환경으로 빠르게 옮기도록 하여
출시 시간을 줄인다. 전통적인 컴퓨팅처럼 사전에 컴퓨팅 기
반 시설이나 환경을 준비하는 데 시간을 쓰지 않아도 되기 때
문이다. 오히려 순간적인 통지만으로 사업 관련 응용 프로그

그림 15   출시 시기 가치 모델

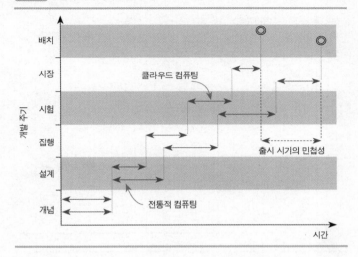

램이나 서비스를 배치하기 위해 쓸 수 있는 컴퓨팅 자원을 얼마든지 얻을 수 있다.

장소 유연성

〈그림 16〉에 있는 클라우드 컴퓨팅의 장소 유연성 가치 모델은 컴퓨팅의 유비쿼터스 속성 덕분에 어떤 장소에서든 컴퓨팅 환경과 작업에 접속할 수 있도록 한다. 이러한 유연성은 생산성을 증가시키고 글로벌화를 가능하게 한다.

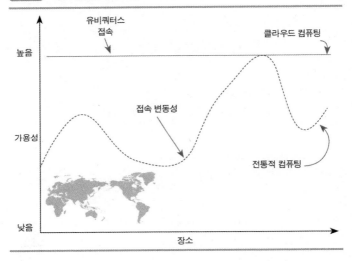

그림 16 장소 유연성 가치 모델

자산 최적화

〈그림 17〉에 있는 클라우드 컴퓨팅의 자산 최적화 가치 모델은 관점의 차이를 제외하면 〈그림 13〉의 수요 유연성 가치 모델과 비슷하다. 〈그림 13〉은 제품 라이프 사이클 중 충족되지 않은 수요를 사업 손실로 간주하는데, 〈그림 17〉은 사업 손실을 막고자 초과 용량을 얻기 위한 추가 투자를 고려한다. 오히려 컴퓨팅 용량 부족으로 명성에 피해를 입는 것을 막을 수도 있다. 또한 서비스가 거의 최종 단계에 이르면 필요 없는 공간을 차지하면서 현금 흐름의 하수도 같은 역할을 하는 잉

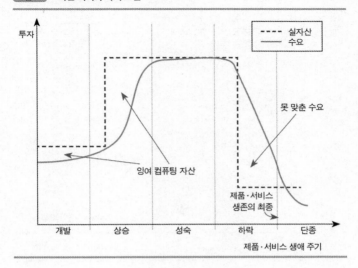

그림 17 자산 최적화 가치 모델

투자

- - - - 실자산
—— 수요

못 맞춘 수요

잉여 컴퓨팅 자산

제품·서비스
생존의 최종

개발　　　상승　　　성숙　　　하락　　　단종

제품·서비스 생애 주기

여 컴퓨팅 기반 시설이 남게 된다. 투자에 영향을 미치는 자산의 라이프 사이클은 제품의 라이프 사이클을 따른다고 가정한다. 그러므로 클라우드 컴퓨팅을 이용해 자산을 최적화할 수 있다.

이익

제품이나 서비스를 생산할 때 부가가치 비용(일반관리비 포함)은 누적 수량 또는 축적된 경험이 두 배가 될 때마다 약 25% 떨어진다. 그 결과로 경험이 쌓이면서 이익이 증가하는 하향

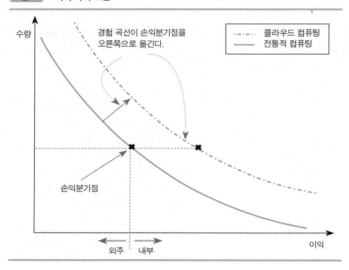

그림 18　이익 가치 모델

수량

경험 곡선이 손익분기점을
오른쪽으로 옮긴다.

- ·-·-· 클라우드 컴퓨팅
— 전통적 컴퓨팅

손익분기점

외주　내부

이익

가격 곡선이 만들어지는데, 이 가격 곡선은 경험 곡선Experience
Curve[1]으로 알려져 있다. 클라우드 컴퓨팅은 컴퓨팅의 누적된
경험에서 발전된 것이므로 적용될 때는 혁명적이긴 하지만 전
통적 컴퓨팅의 진화적 변화이다. 그러므로 전통적 컴퓨팅의
경험 곡선을 우측으로 옮기는 것이 된다. 이렇게 되면 외주 클
라우드 컴퓨팅을 사용하는 손익분기점을 이동시키고 이익을
더 증가시키게 된다. 이것은 〈그림 18〉에 있는데, 보스턴 컨
설팅 그룹Boston Consulting Group의 경험 곡선을 비용 대신 이익에
적용한 것이다. 사실상 클라우드 컴퓨팅의 가치 중 하나는 경

험 곡선 효과로 인해 전통적 컴퓨팅보다 이익을 증가시킨다는 점이다.

재무 지표

클라우드 컴퓨팅이 제공하는 가치를 의미 있는 재무 지표로 어떻게 바꿀 수 있을까? 클라우드 서비스의 가치 제안을 평가하는 데 쓰일 수 있는 다양한 척도가 있다. 네 가지 일상적 재무 지표로는 회수법Payback Method, 순현재가치Net Present Value: NPV, 투자수익률Return On Investment: ROI, 출시 시기Time To Market: TTM가 있다. 또한 경제적 부가가치Economic Value Added: EVA, 자산이익률Return On Asset: ROA, 자기자본이익률Return On Equity: ROE과 같은 다른 지표들도 있는데, 이 지표들은 한 개의 서비스, 제품 또는 프로젝트에는 사용하기 어렵다. 통상적으로 이것들은 기업 단위로 계산을 통합하므로 회사의 세율과 핵심 성과 지수 같은 다른 요소에 의존하기 때문이다. 그러므로 여기에서는 이에 대해 더 이상 논의하지 않는다.

회수법

회수법은 제품이나 서비스에 투입된 투자비용을 회수하는

데 필요한 시간을 측정한다. 회수 기간이 짧은 서비스는 긴 것에 비해 다음 예에서와 같이 좋은 것으로 간주된다.

- 월 1000달러로 기존 설비보다 두 배 빨리 청구서를 처리할 수 있는 클라우드 서비스를 구입했다고 가정하자.
- 1년에 걸쳐 1만 2000달러가 된다.
- 기존 설비로는 월 1만 달러어치의 청구서를 처리했고, 새로운 설비로는 월 2만 달러어치를 처리한다.
- 얻어진 가치란 기존 설비와 새로운 설비의 차이인데, 새 설비가 두 배 빨라 월 1만 달러이다.
- 한 달을 30일로 가정하면 하루 333달러의 가치가 된다.
- 그러면 새로운 클라우드 서비스에 대한 투자금을 36(12,000 / 333)일 후에 회수하는 셈이다.

일반적으로 회수법은 자본 투자에 더 적당한데, 몇 년에 걸쳐 감가상각을 할 수 있기 때문이다. 그러므로 우리의 예에서 1만 2000달러의 투자에 이르는 1년은 자본 투자에 대해 감가상각을 할 수 있는 몇 년으로 바꿀 필요가 있다. 일반관리비로 적기 위해 클라우드 서비스 제공자와 약정(또는 계약) 기간을 두는데, 이것이 우리 계산에서의 1년을 의미한다.

회수법의 단점 중 하나는 현금의 시간 가치를 고려하지 않는다는 것이다. 이는 높은 이자율 또는 장기간의 투자 계산에 상당한 영향을 미친다. 이 점을 보완하기 위해 순현재가치가 사용된다.

투자수익률

회수법은 투자비용을 회수하는 시간을 고려하는 반면, 투자수익률은 회수되는 투자금의 비율을 사용한다. 투자수익률은 전산 산업의 자본 투자를 평가하는 데 널리 사용된다. 투자수익률의 공식은 다음과 같다.

ROI = (투자로부터의 이득 − 투자비용)/(투자비용) × 100

우리 예에서 새로운 클라우드 서비스에 대해 월 1000달러의 투자 대비 이익은 다음과 같이 계산된다.

· 투자로부터의 이득은 월 1만 달러의 추가 청구서이다.
· 투자비용은 월 1000달러이다.
· ROI = (10,000달러 − 1,000달러)/1,000달러 × 100 = 900%

우리 예에서 계산된, 보정되지 않은 투자 대비 이익은 모든 이득과 비용을 현재가치로 가정한다. 따라서 모든 이득과 비용은 처음에 창출된다고 가정하는데, 이러한 경우는 드물다. 이러한 문제를 조정하기 위해 순현재가치가 쓰이는데, 좀 더 현실적인 투자 대비 이익 가치를 얻기 위해 돈에 대해 시간 가치만큼 할인하는 것이다.

순현재가치

정기적으로 발생하는 다수의 현금 흐름이 있을 때 현금 흐름 줄기라고 부른다. 정기적 현금 흐름 줄기의 가치가 똑같으면 연금식 정액Annuity이라고 부른다. 시간에 걸친 물가 상승과 이자율의 영향 때문에, 한 달 후에 발생하는 1000달러 현금 흐름은 50개월 뒤에 지불되는 같은 금액보다 더 가치가 있다. 연속된 현금 흐름의 현재가치를 평가하기 위해 순현재가치 계산법을 쓴다. 투자의 순현재가치는 모든 미래 이익의 현재가치에서 순수 초기 비용을 제한 것으로, 투자로 생성된 현금 흐름에서 시간 간격만큼 할인한 것이다. 예를 들면 3년 동안 매해 1000달러씩 받고 이자율은 10%라고 하자. 〈그림 19〉와 같이 현금 흐름을 이자율로 할인하고, 할인된 금액을 합산해서 2486.85달러의 순현재가치를 얻는다. 이 현금 흐름을 만들기 위해 2000달러의 초기 투자를 했다면 할인한 현금 흐름에서 초기 투자 금액을 차감하고 486.85달러를 얻게 된다. 2000달러의 투자에서 24.3%의 이익을 얻는다는 의미이다.

그림 19   현금 흐름을 이용한 순현재가치 계산

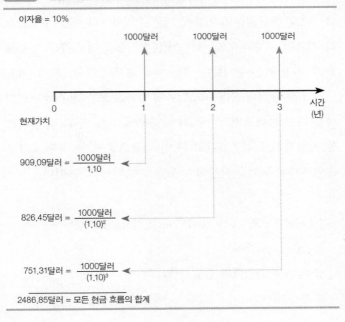

자본 지출을 정당화하기 위해 순현재가치가 자주 쓰이지만, 자본 지출에 따른 반복적 비용을 얻기 위해 역계산을 할 수도 있다. 그러므로 순현재가치는 자본비용을 일반관리비로, 또는 거꾸로 바꾸는 방법이 되기도 한다. 순현재가치 분석의 장점은 돈에 대한 시간 가치의 사용, 그리고 결과 해석의 단순성으로 생기는 상대적 정확성이다. 양(+)의 순현재가치는 수익성 있는 투자라는 뜻이다. 순현재가치의 또 다른 이점은 할

인율을 이용하므로 기회비용이 저절로 감안된다는 것이다. 그러므로 예상되는 수익률이 기준 수익률이나 희망 수익률보다 적으면 투자하지 않는다. 기준 수익률을 넘는 후보 프로젝트 중 가장 높은 수익률을 지닌 것이 최적의 기회비용이 된다.

월 1000달러의 클라우드 컴퓨팅 비용을 쓰는 청구서 처리의 예를 다시 들어보면, 연 5%의 이자율에 최소 3년간 이 서비스를 사용하기로 결정했다고 하자. 비용으로서 월 지출 흐름은 순현재가치 분석을 사용해 다음과 같이 나타낼 수 있다.

이자율(r) = 5%/12 = 0.4167%(월 이자율로 변환)

기간(N) = 36개월

금액(A) = 1000달러(월별 금액)

미래가치(FV) = 0

현재가치(PV) = $\sum_{k=0}^{N}\left(\dfrac{A}{(1+r)^k}\right)$ = 33,365.70달러

월 1000달러를 내고 사용하는 클라우드 서비스의 현재가치는 3년에 걸쳐 3만 3365달러로 계산된다. 전산 부서가 컴퓨팅 플랫폼을 만들기 위해 청구하는 금액을 이 금액과 비교해 적은 쪽이 투자를 위한 시간과 돈을 얻게 된다.

출시 시기

매출 발생 시기를 추정하는 것은 사용 가능한 또 다른 재무 척도이다. 예를 들어 전통적인 컴퓨팅을 이용하면 현재 개발 중인 새로운 제품이 시장에 출시되는 데 1년이 걸린다고 가정하자. 그러나 클라우드 컴퓨팅으로는 3개월이 걸린다면 출시 시기가 9개월 빨라진다. 그리고 새로운 사업으로 월 2만 달러를 번다면 앞당겨진 출시 시기는 18만 달러의 추가 유입을 의미한다. 그러므로 출시 시기를 화폐단위뿐 아니라 동등한 가치의 시간으로 표현해도 좋다.

5

보안과 관리

보안이란 조직의 클라우드 서비스 사용에 대해서뿐만 아니라 사용자를 위해 이 서비스와 응용 프로그램에, 그리고 이 서비스에 접속할 수 있는 기기를 발주하는 데도 필요한 총체적인 것이다. 더욱이 자료의 무결성과 프라이버시 보호 문제는, 시작부터 끝까지라는 관점으로 보아야 하며, 사용자부터 데이터 센터까지, 그리고 반대 방향에 이르는 모든 것에 관련이 있다. 이 장에서는 이런 이슈들과 더불어 자료와 그것의 사용에 관련된 법적 문제를 논의한다. 그리고 논의를 자료 독립성과 관할권 문제로까지 확대하는데, 이는 특히 클라우드 서비스를 사용하는 사람들의 관심사이기 때문이다. 끝으로 보안 분야에서 통상적으로 사용되는 용어에 대한 간단한 설명으로 마무리한다. 이렇게 하면 클라우드 서비스 제공자와 의미 있는 논의를 가능하게 하는 지식이 생길 것이다.

보안이란?

전산 보안은 컴퓨터 시스템의 기밀성Confidentiality, 무결성Integrity, 가용성Availability뿐 아니라 저장·사용하는 자료들을 의도되지 않은 악용으로부터 보호해준다. 기밀성, 무결성, 가용성은 '정보 보안의 3원칙 CIA Triad'으로 불린다. 보안의 이런 속성들은

'파커리안 6요소Parkerian Hexad'로 알려진 여섯 가지로 진화했다.

- 기밀성Confidentiality: 누가 어떤 종류의 정보를 가질 수 있는 지 규정한다. 예를 들면 기업은 자신들의 지적재산권 보호에 관심을 두며, 개인들은 재무 또는 의료 기록이 무단으로 접속당하는 것을 염려한다.
- 소유 또는 통제Possession/Control: 누가 또는 어떤 시스템이 정보를 지니며 그것을 사용할 수 있는지 규정한다.
- 무결성Integrity: 의도된 용도에 적합하거나 상응하는 정보를 뜻한다. 고의적이든 우연이든 무단으로 자료를 수정하는 것은 자료 무결성 침해이다.
- 정통성Authenticity: 정보의 원천 또는 출처의 진실성
- 가용성Availability: 의도된 용도로 필요할 때 시간에 맞춰 정보에 접속할 수 있는 것을 뜻한다.
- 유틸리티Utility: 유용성을 뜻하는데, 정보를 사용 가능하게, 그리고 유용한 방식으로 준비해 의도된 사용자가 의도하는 대로 쓸 수 있도록 하는 것이다.

가용성

클라우드 컴퓨팅의 특징 중 하나는 어디에나 존재하는 것인데, 이는 클라우드 컴퓨팅 자원의 가용성을 뜻한다. 그러므

로 가용성을 좀 더 논의하기 위해 따로 떼어놓고 살펴보자. 가용성은 다음과 같은 다면적 특징이 있다.

1. 모든 곳에서 서비스가 가능한가?
2. 사용하고 싶을 때 얼마나 충분히 사용할 수 있는가?
3. 계획된 유지·보수로 인해 사용할 수 없을 때가 있는가?
4. 서비스의 호스트인 클라우드 플랫폼이 중단되면 회복까지는 얼마나 걸리는가?
5. 수리가 끝났을 때 어떤 자료가 분실되었는가? 그렇다면 그것은 몇 시간을 일한 만큼의 자료인가?

마지막 두 항목은 각각 회복 시간 목표Recovery Time Objective: RTO, 회복점 목표Recovery Point Objective: RPO로 알려진 지표를 통해 측정된다. 두 지표는 시간 또는 분이라는 시간 단위로 표현된다. 3번 항목은 고장 시간과 관련된 것으로, 일반적으로는 다음과 같이 계산되어 퍼센트(%)로 표현된다.

100×(일정 기간 동안 작동하지 않은 시간)/(기간의 총시간)

* 여기서 시간은 분(分) 단위로 계산한다.

보통 첫 두 개의 항목은 측정되지 않지만 클라우드 서비스 제공자와의 계약에는 규정되어야 한다. 그리고 가용성 지표들이 측정되고 서비스 수준 계약에 규정되면 클라우드 서비스 제공자와의 계약 합의 사항 중 일부분이 된다.

3원칙 또는 파커리안 6요소는 그 엄격함을 숫자로 표현한다. 예를 들어 1은 낮은 엄격함, 2는 중간, 3은 높은 엄격함이다. 각각의 엄격함 수준은 상세하게 기술될 수 있다. 가용성을 예로 든다면 1은 회복 시간 목표와 회복점 목표가 각각 24시간, 2는 회복 시간 목표 24시간, 회복점 목표 1시간, 3은 회복 시간 목표 1시간, 회복점 목표 0시간이다. 만일 회복 시간 목표 24시간에 회복점 목표 2시간이 필요하다고 가정할 때, 우리의 예에 따르면 가용성 수준 2로 적어야 한다. 이 수준은 우리가 일할 수 있는 가장 나쁜 수준이다. 마찬가지로 기밀성과 무결성에 대한 요구가 각각 수준 1과 수준 3으로 표시되어 있다고 하자. 그러면 보안 필요성은 3원칙으로 1-3-2라고 적는다. 그리고 보안 요구 사항을 파커리안 6요소로 적으면 2-3-2-1-3-1이 나온다.

보안 집행

전산에서 보안 위반은 앞에서 논의한 파커리안 6요소의 여섯 가지 속성으로 설명할 수 있다. 이 속성들은 두 가지 특징이 있다. 즉, 원자적이라는 점과 비중복적이라는 점인데, 더이상의 구성 성분으로 쪼개질 수 없으므로 원자적이고, 정보 보안의 독특한 면을 의미하므로 비중복적이라는 것이다. 전산 보안의 정의는 몇 가지 의문점을 던진다. 누가 의도된 사용인지 비악의적인 사용인지 정하는가? 좀 더 안전한 사용을 위해 자료는 어떻게 분류되어야 하는가? 누가 또는 무엇이 자료를 사용하고, 왜 자료에 접속했는가? 어떤 시스템이 자료를 처리해야 하는가? 이 시스템들에 의해 어디에, 그리고 어떻게 자료가 저장·사용되는가? 이를 모범 사례를 통해 다루어보자.

우리의 목적을 위해서는 클라우드 서비스 사용자가 사람일 수도 있고, 프로세스, 응용 프로그램 또는 컴퓨팅 기기 같은 시스템일 수도 있다. 문제 해결을 위해 부름을 받은 유지·관리 요원 역시 사용자로 분류된다. 자료의 길을 추적해본다면, 사용자로부터 나온 자료는 통신망을 넘어 소프트웨어가 있는 컴퓨팅 시스템에 도달하며, 그것은 자료를 처리해 솔리드스테이트 디스크Solid-State Disk: SSD 같은 저장 장치에 저장하고, 복구 장치에 백업한 후 일정 시간이 경과하면 마지막으로 기록 보관 장치에 저장한다. 자료를 취급하는 요소들은 사용자, 컴퓨팅 시스템, 소프트웨어, 저장 장치, 복구 장치, 기록 보관 장치이다. 이러한 자료의 모든 행보는 사용자의 관점에서 볼 때 안전할 필요가 있다. 프라이버시 보호, 자료 무결성, 보안 등에 대한 사용자의 요구는 보안 수단의 다른 요소들까지 자세히 기록하게 한다.

자료의 이동과 관련된 보안 계획을 분명히 보여주기 위해 보관에 대해 알아보자. 기록 보관 장치는 허가받지 않은 사용자가 자료에 접속할 수 없도록 안전한 방법으로 자료를 저장할 필요가 있고, 그들이 접속했다 해도 암호화된 정보는 해독할 수 없어야 한다. 복구 처리 역시 안전한 방법으로 자료를 백업해야 한다. 복구 장치에서 기록 보관 장치로의 자료 이전은 더욱더 안전해야 한다. 설명되어 있는 자료의 모든 요소들은 사용자의 필요 사항에 맞춰 정보 보안 3원칙 또는 파커리안 6요소로 동일한 보안 특성을 지녀야 한다. 더욱이 한 장치에서 다른 곳으로의 자료 이동 역시 안전해야 하며, 그런 자료 이동의 경로 또한 안전하게 만들어져야 한다.

보안 용기

특정 사용자를 위해 같은 보안 특성을 공유하는 클라우드 컴퓨팅 환경 내의 모든 요소들은 공통적인 보안 영역을 지닐 수 있다. 이 영역 안에 있는 컴퓨팅 요소들은 서로 신뢰한다. 이러한 보안 영역의 결과물로 형성된 환경을 보안 용기Security Container라고 부른다. 그러므로 보안 영역을 자료와 접점이 있는 모든 요소에 대해 규정하기보다는 용기를 만드는 구역화를 우선 행하고, 그 구역에 같은 속성을 가진 요소를 넣는다. 이런 구역화는 통신망이 정보 이동 방식이기 때문에 통상적으로 통신망 층에서 이뤄진다. 실제의 통신망 위에 가상의 통신망이 형성되고, 각 용기들은 다른 용기(외부자)들이 내부 자료에 접속할 수 없도록 그 안의 가상 통신망을 사용한다. 특정 용기에 들어갈 때는 일반적으로 세 가지 보안 절차, 즉 신원 확인 Identification, 인증Authentication, 허가Authorization가 사용된다.

신원 확인은 사용자의 신원을 확인하는 것이다. 사용자는 개인일 수도 있고, 응용 프로그램, 시스템, 클라우드 또는 보안 용기에 연결하려는 사물일 수도 있다.

인증은 사용자가 합법적 사용자인지를 확인하는 것이다. 일반적으로 인증은 무엇을 가졌는지, 또는 무엇을 알고 있는지에 근거를 둔다. 사용자가 지닌 것의 예로는 스마트카드, 지문, 음성 등이 있으며, 사용자가 알고 있는 것의 예로는 비밀번호 또는 개인식별번호Personal Identification Number: PIN가 있다.[1] 인증은 사용자의 신원이 설정되었을 때 이루어진다.

허가는 인증된 사용자에게 실행이 허락되는 과업을 정한다. 인증된 사용자에게 주어진 권한은 클라우드 컴퓨팅 환경 내 사용자의 역할에 달려 있다. 허가는 항상 사용자가 인증된 후에 일어난다. 신원 확인에서는 "누구십니까?"라고 묻고, 인증에서는 "당신이 당신 맞습니까?"를, 허가에서는 "클라우드 컴퓨팅 환경 안에서 무엇을 하도록 허가받았습니까?"라고 묻는다.

클라우드 컴퓨팅 사용자의 공통된 염려 중 하나는 클라우드에 저장된 자료가 사용자 자신이 사는 나라가 아닌 다른 나라에 저장된다면 어떻게 해야 하는지이다. 그런 염려는 저장된 자료의 법적·규제적 관할권Jurisdiction과 관련이 있다. 만일 자료의 보안성이 위태롭게 되었다면 어느 나라의 법률 또는 자료 보호 기능이 적용되어야 하는가? 클라우드 컴퓨팅의 탄력성은 실제로 자료 저장소를 포함한 컴퓨팅 자원들을 한 장소에서 다른 곳으로 옮길 수 있다. 또 다른 경우는 클라우드가 한 나라에 호스트를 두고, 사용자는 다른 나라에서 오는 경우이다. 이런 난관에 대처하고자 정보 보안 또는 파커리안 6요소 외에 법적 관할권의 특성이 규정된 보안 용기의 사용을 제안한다. 자료의 구분은 데이터 센터가 아닌 클라우드 서비스가 제공되는 세계 어딘가에서 행해진다. 즉, 보안 용기는 가상의 지역 통신망보다는 가상의 광역 통신망을 이용해 만들어진다. 그러므로 우리는 법적 관할권을 정보 보안과 파커리안 속성에 덧붙여 법적·규제적 조건을 규정하는 데 쓸 수 있다.

관찰

보안 위반을 억제하기 위해 채용된 첫 번째 방어 장치는 방화벽이다. 모든 보안 용기의 경계에는 다수의 방화벽이 세워진다. 그래서 보안 용기인 클라우드 자체는 외부 방화벽을 갖는다. 용기들 속에 또 용기들이 있는 경우가 드물지 않은데, 그런 경우 자료의 흐름을 따라가려면 방화벽을 통과하고 또 통과해야 할 것이다. 방화벽은 어떤 것에 통과를 허락하고 어떤 것은 막을지에 대한 규칙을 지닌다. 어떤 사람이 보안 용기에 들어오려다가 방화벽에 막히면 경고음을 받는다. 경고는 이메일이나 로그 파일에 들어온다. 보안 시스템에는 방화벽, 사용자 인증과 신원 확인, 침입 탐지와 방지, 바이러스 차단 소프트웨어 같은 사용자 기반 보안 등 여러 요소가 있다. 적절히 형성되면 그런 시스템은 사용자, 사용자에게 제공된 서비스, 자료 등을 추적하는 사용 기록을 만들어낸다. 사용 기록의 규모는 아주 빨리 커지므로 사용 기록 파일을 사람이 살펴보는 것은 불가능하다. 그래서 의심스러운 활동을 탐지하기 위해 관찰의 첫 단계로 서버와 방화벽의 사용 기록을 분석하는 소프트웨어가 쓰인다.

두 번째 방어선은 사용자 인증과 신원 확인이다. 어떤 사람이 특정 서비스에 로그인하려다 실패한 시도가 몇 번 발생하면 관찰 장치는 이 사항을 클라우드 서비스 관리자에게 알려야 한다. 이 장치가 자동화되어 있으면 해당 계좌 또는 서비스에 그 사용자 이름으로 로그인하는 것이 거절된다. 아울러 어떤 경우에는 특정 사용자가 허용되지 않은 서비스를 사용하려 하거나 사용자가 정상적으로는 필요로 하지 않는 자료를 꺼내려 하면 의심스러운 것으로 추정되기도 한다. 그런 모든 접근은 침입 탐지 시스템Intrusion Detection System: IDS이라는 소프트웨어로 분석·보고될 수 있다.

세 번째 방어선은 고객 쪽에 있다. 클라우드 서비스에 접근하기 위한 사용자의 로그인 정보가 침해당하지 않도록 단말기 자체가 악의적인 공격으로부터 보호되어야 한다. 이는 일반적으로 악성 차단 소프트웨어(바이러스 차단, 개인 방화벽, 추적 쿠키[2] 차단 등)의 형태로, 클라우드 서비스에 접속할 때 쓰는 단말기에 설치된다. 대개의 경우 그런 최종 사용자의 단말기들은 클라우드 서비스 제공자의 관찰 및 구성 범위 밖에 있다. 따라서 이것이 보안 사슬의 약한 고리인 셈이다. 그러나 신 또는 제로 클라이언트에서는 단말기가 중앙에서 통제되는 운영체제를 지니므로 약한 연결 고리도 더 이상 상관이 없어진다.

자료의 무결성

중요한 정보를 담고 있는 편지를 금고에 넣었다고 하자. 그리고 그 금고를 어딘가에 묻어서 아무도 알지 못하게 했다. 정보 보안(또는 전산 보안) 용어로는 보안이 아닌 모호함이다. 그러나 금고에 편지를 넣고 편지의 수신인에게 보내 그 수신자만 편지를 읽을 수 있다면 정보를 안전한 방법으로 보내는 것이다. 이때 누군가가 금고를 가로챈다면 세 가지 시나리오가 생긴다. (1) 가로챈 사람이 그 편지를 가지고 통제하면서 당신 또는 수신인에게 보여주지 않는다. (2) 가로챈 사람이 편지를 읽고 그 내용을 자신의 목적을 위해 사용한다(즉, 당신의 명의를 훔치거나 컴퓨터 시스템에 침입해 당신인 척 가장한다). (3) 가로챈 사람이 편지를 바꿔처서 잘못된 정보가 전달되도록 수신인에게 보낸다. 자료의 무결성은 통신 안전 및 이 세 가지 시나리오가 발생하지 않도록 전송되는 자료를 안전하게 하는 것을 목적으로 한다.

자료의 무결성을 극대화하기 위해 한 사람으로부터 다른 이에게 전달되는 자료의 흐름을 안전하게 만드는 데는 세 가지 요소가 고려된다. 양측, 즉 자료의 송신인과 수신인이 인증되어 그들이 바로 자료가 목표한 사람들임을 확실히 하도록 안전해야 한다. 그리고 다른 편에서 쉽게 엿듣거나 잘못된 자료가 발송되지 않도록(중간자 공격 Man in the Middle Attack) 정보를 주고받는 통신망이 안전해야 한다. 자료 역시 제3자에 의해 쉽게 읽히지 않도록 암호화될 필요가 있다. 이 세 가지 요소는 상호 배타적이지 않아서 자료의 순수성을 위해 연합되어 행해지는 것을 자주 볼 수 있다.

따라서 암호화를 사용해 자료의 무결성을 어떻게 확실히 하는지, 자료의 무결성을 입증하기 위해 어떻게 검산을 활용하는지, 그리고 마지막으로는 전체적인 자료 손실 방지 전략의 일환으로서 자료의 무결성 범위를 생각할 필요가 있다.

암호화

민감한 자료를 보낼 때 사용하는 경로나 통신망의 안전을 위해 그 경로를 암호화할 필요가 있다. 그 경로로 보내는 자료 역시 암호화될 수 있지만 일반적으로 그렇게 하지는 않는다. 송신인과 수신인이 신뢰할 수 있는 경로를 통해 의사소통하도록 하는 증빙을 사용함으로써 경로가 암호화된다. 그렇게 암호화된 경로는 SSL Secure Socket Layer 연결로 알려져 있다. 두 개의 집단이 안전한 경로를 통해 소통하려 할 때에는 다음과 같은 핸드셰이크 프로토콜 Handshake Protocol이 사용된다.

· 송신 장치는 경로를 암호화하기 위해 공적·사적 암호 열쇠를 사용한다.
· 가장 좋은 관행은, 과정을 시작하기 위해 신뢰받는 인증 기관 Certificate Authority: CA으로부터 승인된 유효한 증빙(공적인 열쇠를 담고 있다)을 사용하는 것이다.

- 양 당사자가 사용될 암호 규약에 합의한다.
- 공유하는 비밀(사적 열쇠)에 대해 합의한다.
- 수신 장치는 공적·사적 암호를 사용해 경로를 해독한다.

이 같은 규약이 완료되면 양 당사자는 합의된 암호 알고리즘과 암호화 열쇠를 사용해 안전한 방식으로 소통을 시작한다. 이 안전한 경로는 도청이나 중간자 공격으로부터 그들을 보호한다.

자료를 암호화하는 개념은 자료가 클라우드 서비스에 의해 암호화되며 응용 프로그램으로 해독되고 자료 흐름의 방향에 따라서는 거꾸로도 되는 점을 제외하면 비슷하다. 그래서 웹 서버 또는 웹 브라우저 대신 응용 프로그램들이 자료의 암호화를 실행한다.

검산

수신한 자료의 진실성을 확립하기 위한 자료를 검산하는 데 모종의 알고리즘이 사용된다. 수신한 자료를 신뢰하려면 자료와 검산표가 수신자에 의해 입증되어야 한다. 예를 들어 나에게 편지를 보내려 한다고 가정해보자. 이때 "이 편지는 251개 단어로 이루어져 있는데, 그중 명사는 105개이고 형용사는 81개이며 나머지는 대명사와 동사이다. 또한 45개 문장과 5개 단락이 있다"와 같은 정보를 별도로 보낼 수 있다. 내게 보낸 편지를 설명하는 정보는 검산표 같은 것이다. 발송된 정보의 정확성을 수신자가 확실히 하기 위해 검산표를 자동적으로, 또는 즉시 계산하는 다양한 알고리즘이 사용된다. 검산표는 기본적으로 중간자 공격을 막아주는데, 검색된(디스크 저장소로부터) 또는 수신된(전송 장치로부터) 자료가 가로채진다 해도 침해당하지 않도록 한다. 두 번째 용도는 무선통신망처럼 시끄럽고 손실이 많은 소통 경로 때문에 수신된 자료가 오염되지 않도록 하는 것이다.

자료 손실 예방

자료 손실 예방이란 자료가 어디에 저장되고 사용되든지 사용 또는 이동 중이거나 휴면 중인 자료를 찾아 확인·관측하며 관리·보호하는 시스템을 가리킨다. 일반적으로 자료 손실 방지는 비밀 또는 사적 자료를 위해 사용된다. 〈그림 20〉은 자료 손실 예방 범위를 규정하는 세 가지 자료 상태와 각 상태의 자료가 있는 장소의 일반적인 예를 보여준다. 세 가지 상태는 자료의 라이프 사이클인 생성, 전송, 사용, 저장, 기록, 그리고 마지막 파괴 모두를 아우른다. 휴면 자료는 비활동적이거나 반#활동적인 자료로서 디지털 방식으로 저장되어 있는 것이다. 이동 중인 자료는 한 곳에서 다른 곳으로 흐르는 자료

그림 20   자료의 세 가지 상태

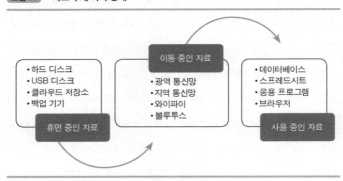

• 하드 디스크
• USB 디스크
• 클라우드 저장소
• 백업 기기

휴면 중인 자료

이동 중인 자료

• 광역 통신망
• 지역 통신망
• 와이파이
• 블루투스

• 데이터베이스
• 스프레드시트
• 응용 프로그램
• 브라우저

사용 중인 자료

이다. 사용 중인 자료는 끊임없이 사용되는 활동적 자료이다.

클라우드 서비스의 사용자는 〈그림 20〉에 세 가지 상태로 규정된 자료의 전 라이프 사이클에 걸쳐 자료 손실이 방지되도록 해야 한다. 이것은 암호 설정 장치(자료 보호), 검산표(자료의 순수성 입증), 관찰(누가 자료에 접근했는지 알기 위함), 관리(유효 기일 안에 손상되거나 사용되지 않은 자료를 확실히 지우기 위함)로 실행된다.

자료의 프라이버시 보호

프라이버시 보호는 개인 정보에 적용된다. 일반적으로는 개인 식별 자료Personally Identifiable Data: PID 또는 개인 식별 정보Personally Identifiable Information: PII로 알려져 있다. 미국표준기술연구소는 개인 식별 정보를 개인에 대한 다음과 같은 사항들을 포함한 것으로 규정하고 있다.

1. 성명, 사회보장번호, 생년월일, 출생지, 모친의 이름, 생체 인식 기록 등과 같은 개인의 신원을 찾아내고 추적할 수 있는 정보
2. 의료, 교육, 재무, 고용 정보같이 개인에게 연결되었거나 연결할 수 있는 정보[3]

대다수 국가들은 그런 자료가 허가받지 않은 자의 손에 들어가지 않도록 하는 보호법이 있다. 대부분의 그런 법률은 지침, 예를 들어 "서비스 제공자는 처리된 통신 자료가 더 이상 필요하지 않으면 지우거나 익명화해야 한다"와 같은 자료 보유 지침을 포함한다. 이는 대부분의 클라우드 서비스 제공자가 준수해야 할 좋은 지침의 예이다. 그러나 같은 법이라도 따르기에는 비실용적이어서, 특히 쿠키와 관련된 것들은 어느 웹사이트도 준수하지 않거나 준수하려 하지 않는 지침들이 있다. 그 결과, 자료 보호 법률들은 신빙성이 떨어지고, 많은 서비스 제공자들에게 성실히 지켜야 하는 것으로 여겨지지 않게

되었다.

자료 프라이버시 보호는 자료의 무결성과 긴밀히 연계되어 있다. 자료가 개인의 것임을 확실히 하기 위해서는 자료의 보유와 전송이 자료 무결성 장치로 실행되어야 한다. 보안은 침입 탐지, 침입 예방, 방화벽 사용, 바이러스 차단, 멀웨어Malware 차단 도구로 실행된다. 그러나 흔히 그렇듯이 이것들이 침해받는다면 자료를 암호화하지 않는 한 개인 자료는 쉽게 접속이 가능해진다. 하드 드라이브, 디스크 또는 클라우드 저장소에 넣어둔 자료를 암호화할 수 있는데, 휴면 자료를 암호화하는 것이다. 그러면 보안 위반을 통해 자료를 가져가더라도 암호화되어 있으므로 접속이 불가능해진다. 아울러 이메일, 드롭박스와 같은 파일 공유 제품을 통해 다른 이에게 보내는 자료, 또는 본인의 클라우드 저장소로 보내는 자료를 암호화할 수 있다. 이러한 암호화는 전송 중인 자료를 보호하고, 한 장소에서 다른 장소로 전송되는 중에 자료가 가로채지더라도 가로챈 쪽에게 읽히지 않도록 예방될 것이다.

그러나 암호화와 다른 수단 역시 정부 외 기관으로부터만 자료를 보호할 수 있다. 어떤 정부는 몇 개의 전략적 위치에서 백도어Backdoor를 열어 쉽게 자료에 접근할 수 있도록 한다. 전략적 위치의 예는 (1) 라우터, 인터넷 전화Voice over Internet Protocol: VoIP[4]용 서버, 모뎀 같은 자료 경로, (2) 하드 디스크 같은 자료 저장, (3) 방화벽과 침입 탐지 같은 자료 보안, (4) 자료 암호화 등을 수행하는 장치의 펌웨어Firmware[5]이다. 이런 백도어는 일반적으로 장치의 펌웨어에 심어져 있어 어떤 사용자나 소프트웨어도 그것을 막기는커녕 존재조차 알지 못한다. 사물 인터넷이 시작되면서 인터넷에 연결된 사물들은 그런 백도어를 펌웨어 속에 지니고 있으므로 도처에 백도어가 있는 현상은 눈에 띄게 증가할 것이다. 하지만 현재는 단지 선택된 몇 개 국가만(필자의 짐작으로는 두 곳 또는 세 곳)이 능력을 가지고 있다. 당신의 사물 인터넷 장치가 이런 백도어에 의해 침해될 가능성을 상대적으로 줄이는 한 가지 방법은 펌웨어를 개방형으로 하는 것이다. 이는 소프트웨어 개발자나 기술자가 펌웨어의 소스 코드를 살필 때 백도어의 존재 여부를 확인하는지에 달려 있다.

법적 준수 문제

클라우드 컴퓨팅은 법률과 마찬가지로, 선한 쪽을 도와서 나쁜 쪽으로부터 그들을 보호하는 데 쓰여야 하는 도구이다. 하지만 불행히도 실생활에서는 복잡성이 생긴다. 그 이유 중 하나는 기술(최신의 클라우드 컴퓨팅이 좋은 예이다)이 법률과 법률적 사고 틀에 비해 변화가 대단히 빠르다는 점이다. 이는 얼리 어답터 Early Adopter들이 법조문 속의 진공을 틈타 법률의 정신을 묵과하거나 다르게 해석할 기회를 준다. 이것들이 혁신을 질식시키지 않는 한 어느 수준까지는 더 큰 선善을 위한 것일 수 있다. 하지만 이런 환경에서 보안 위반과 사용자에 대한 침해가 발생한다. 그 균형점을 찾을 필요가 있다. 해결책의 큰 부분은 기술 발전의 결과로 수집·분석·사용된 정보를 통해 사용자뿐 아니라 법률 집단을 교육시키는 것이다. 다른 한편으로는 기술 혁신에 따른 정보 사용의 폭넓은 틀을 마련하는 것이다. 이는 정부보다는 산업체에 더 큰 견인력이 있다. 산업체 중 참여자와 소비자를 보호하기 위해 여러 규정을 정하는 금융 산업은 몇 가지 규정을 두고 있다. 그 규정이 국가적이든 지역적이든 또는 국제적이든 간에 다양한 규정들을 준수하는 것은 아직 클라우드 컴퓨팅에 큰 도전이 아니다. 그러나 시간을 두고 여러 나라와 지역에서 산업 분야별로 각각의 규정을 만들면 혼란이 올 수 있다. 어느 특정 클라우드는 아주 많은 법과 규정을 준수할 필요가 생기는데, 이 중 몇몇은 서로 갈등할 가능성도 있다. 그러므로 산업체들과 정부들 간의 커다란 협력과 표준화가 필요하다. 한 예가 MiFID Markets in Financial Instruments Directive(금융상품투자지침)인데, 경쟁을 증가시키고 소비자를 보호하기 위해 투자 서비스를 규제하는 유럽연합의 법이다. 규정을 만드는 데 가장 큰 과제는 법적 관할권이다. 클라우드 서비스가 A 국가에 세워진 회사에서 제공되고, 사용자들은 대체로 B 국가에 있으며, 자료가 C 국가에 저장되고, 클라우드 서비스 자체는 D 국가에 적을 둔다면 어떤 규정과 법률을 준수해야 하는가? 그런 경우에는 클라우드 서비스를 구매해 사용하기 전에 법적·규제적 관할권에 대해 신경 써야 한다. 특히 누가 자료를 보며, 어떤 시스템이 자료를 처리하고, 어떤 응용 프로그램이 그것을 사용하는지 알고 있어서 사람들, 기반 시설, 응용 프로그램에 대한 법적 관할권을 확립할 필요가 있다.

자료 독립권

법적 관할권과 밀접하게 연결된 것은 자료 소유에 대한 관할권이다. 많은 사람들이 자료 창출에 관여했다면, 또는 많은 당사자들에 의해 자료가 쓰인다면 누가 자료를 소유하는 것인가? 만일 자료가 중간 매체 또는 클라우드 서비스에 의해 수정되었다면 누가 그 자료를 소유하게 되는가? 소유자는 자료를 처음 만든 당사자, 자료를 덧붙인 중간 매체, 자료의 최종 소비자 중 누구인가? 만일 이 모든 참여자가 각각 다른 자료 보호와 소유 법률이 있는 다른 나라에 살고 있다면 어떻게 되는가? 이런 것들이 자료 독립권 문제가 당면한 진퇴양난 같은 것인데, 유비쿼터스 접근 특성 때문에 클라우드 컴퓨팅과 밀접한 관련이 있다. 그러므로 클라우드 서비스 제공자와 자료 소유권 계약을 할 때는 계약 위반이 발생할 경우 보상을 위한 법적 관할권까지 감안해서 확실히 해야 한다.

보안의 전체적 특성

보안은 전체적인 것이어서 단순한 기술 측면의 염려이거나 클라우드 서비스 제공자의 염려가 아니라 모든 이들의 염려 사항이다. 보안은 컴퓨팅 장치에 대한 물리적 접근, 비밀번호의 타인 노출(알든 모르든 간에), 보안 정책의 실행을 다룬다. 보안은 당신과 클라우드 서비스 제공자 사이의 공동 책임이다. 서비스 제공자는 일반적으로 기반 시설부터 클라우드 내의 호스팅 환경과 응용 프로그램 간 접점까지의 보안을 책임진다. 한편 당신은 클라우드 환경과 접합하는 면, 그리고 더 중요하게는 클라우드 환경을 사용하는 응용 프로그램 안에서의 보안을 책임진다. AWS Amazon Web Services라고 부르는 아마존 클라우드 서비스에 응용 프로그램을 설치하고 싶은 경우를 예로 생각해보자. 아마존은 시큐리티 그룹Security Group이라 부르는 가상 방화벽을 제공해서 응용 프로그램에 특정한 정보 흐름만 흐르도록 허용한다. 시큐리티 그룹의 가장 바람직한 실행은 용기 속에서 사용하는 것인데, 각 용기는 특정 응용 프로그램을 호스팅하는 가상 기계가 있어야 한다. 이렇게 하면 그 응용 프로그램과 그것의 가상 기계에 적당한 정보 흐름만 접속하게 된다. 예를 들면 웹 서버 가상 기계는 데이터 서버가 웹 정보 흐름, 포트 80을 통해 오는 정보 흐름을 막는 시큐리티 그룹 안에 있으면서 TCP/IP 포트 80을 열어 웹 정보 흐름을 허용하도록 조립된다. 이 방법은 웹 정보 흐름을 이용하려는 외부의 자료 공격을 막아준다. 그러므로 사적 클라우드 환경 안에 안전하게 설치해야 할 응용 프로그램(이 예에서 응용 프로그램은 웹과 데이터 서버로 구성)의 설치자로서 당신에게 책임이 있다.

흔히 보안 시스템에서 가장 약한 고리는 인간이다. 몇 가지 사전 예방적 조치를 통해 사용 중인 컴퓨팅 시스템을 안전하게 하는 것은 기술의 사용자인 우리 인간에게 달려 있다.

· 비밀번호를 보호한다.
· 멀웨어 차단 프로그램을 설치하고 정기적으로 업데이트한다.

・방화벽을 이용해 침입 탐지 및 예방을 실행한다.
・의심스러운 이메일이나 웹사이트를 열어보지 않는다.

이런 방법들은 클라우드 서비스에 사용하는 장치가 안전하도록 보장하고 은연중에 침해당하지 않도록 한다. 아울러 당신은 클라우드로 전송하는 자료들을 암호화시켜 제3자가 가로채더라도 읽을 수 없게 해야 한다. 기술의 사용자로서 당신이 안전한 방식으로 사용하지 않으면 기술이 할 수 있는 일은 거의 없다.

일반적 보안 용어

여기에서는 보안과 관련해 일반적으로 사용되는 용어를 제시한다. 이런 용어와 그 의미를 알면 클라우드 서비스를 사용할 때 시스템과 자료의 안전을 확실히 해줄 지식이 생긴다.

・가장무도회 공격Masquerade Attack　　비합법적 사용자 또는 응용 프로그램이 합법으로 가장하고 공격하는 유형이다.
・검산Checksum　　저장되거나 전송된 자료를 통해 계산된 값으로, 복구 또는 접수된 자료를 검증하기 위해 사용한다.

- 격자 기술Lattice Techniques　다른 형식의 정보에 대한 접속 여부를 결정하는 보안 지정을 사용하는 것이다.
- 관리인Custodian　자료를 현재 이용하거나 조작하고 있는 사용자(또는 응용 프로그램)이므로 자료에 대한 임시 책임이 있다.
- 기밀성Confidentiality　권한이 있는 사람에게만 정보가 공개되도록 한다.
- 멀웨어Malware　바이러스, 웜, 트로이 목마 등 모든 불법 소프트웨어를 가리키는 데 사용되는 일반 용어이다. 멀웨어란 악성 소프트웨어Malicious Software라는 뜻이다.
- 무결성 별점 특성Integrity Star Property　원래보다 낮은 수준의 무결성 자료는 읽을 수 없게 하는 방법이다.
- 무결성Integrity　자료가 우연히 또는 고의적으로 바뀌지 않아서 사용 시점에 정확하고 완전한 형태가 되도록 한다.
- 바이러스Virus　악의적 로직Logic을 포함하며, 숨겨져 있고, 스스로 복제하는 소프트웨어 조각으로 다른 프로그램이나 응용 프로그램을 감염시켜 전파한다.
- 방화벽Firewall　자료와 자원에 대한 비합법적 접속을 방지하기 위한 통신망의 이론적·물리적 단절이다.
- 백도어Backdoor　저장된 보안장치를 우회해 공격자가 시스템에 쉽게 접속할 수 있도록 설치된 코드이다.

- 부인 방지Nonrepudiation   특정 사용자, 그리고 그 사용자만이 메시지를 보냈고 수정되지 않았다는 것을 입증하는 시스템을 말한다.
- 분할Fragmentation   저장 매체 안의 한 장소에 하나의 연속된 비트 묶음이 아닌 여러 개의 덩어리 또는 조각들로 자료를 저장하는 과정이다.
- 사업 지속 계획Business Continuity Plan   재앙, 위기 상황, 보안 침해 또는 공격 속에서도 사업을 지속시키기 위해 취하는 조치 계획이다.
- 사용자User   허가받았는지 여부와 상관없이 시스템에 접속하려는 사람, 조직, 또는 자동화된 과정이다.
- 생체 인식Biometrics   시스템이나 서비스에 대한 접근 가능 여부를 판단하기 위해 사용자의 신체 특징을 사용한다.
- 암호 해독Decryption   암호화된 메시지를 원래의 문장으로 전환하는 과정이다.
- 암호화Encryption   암호 작성 기술을 통해 자료(평문)의 내용이 알려지거나 사용되지 않도록 본래 의미를 감춘 형태(암호문)로 바꾸는 것이다.
- 요약 입증Digest Authentication   클라이언트 응용 프로그램 또는 사용자가 시스템이나 서비스를 사용할 수 있는 비밀번호가 있다는 증거를 보이도록 한다.

- 웜 Worm 독립적으로 작동해 자신의 완성된 버전을 다른 컴퓨터에 전파하는 프로그램이며, 컴퓨터 자원을 파괴한다.
- 위험 Risk 보안 위험은 보안 위반의 가능성을 수량화하기 위해 위협 수준과 취약 수준의 조합으로 계산된다.
- 위협 평가 Threat Assessment 조직이 노출될 수 있는 위협의 종류를 인식하는 것이다.
- 잘못된 거부 False Rejects 인증 시스템이 유효한 사용자를 인식하는 데 실패한 경우이다.
- 전매 정보 Proprietary Information 조직이 소유한, 사업 능력을 제공하는 정보로서 고객 명단, 기술적 자료, 원가, 사업 기밀 등이 있다.
- 접속 통제 Access Control 권한이 있는 사용자에게만 서비스에 대한 접속이 허가되도록 한다.
- 조건부 비밀번호 Escrow Passwords 특권을 지닌 사람이 없을 때 비상 관리자가 사용하도록 안전한 장소에 적혀 보관된 비밀번호이다.
- 좀비 Zombie 멀웨어에 의해 손상된 컴퓨터이다.
- 침입 탐지 Intrusion Detection 와 예방 Prevention 침입(조직 밖 공격)과 오용(조직 내 공격)을 포함한 보안 위반을 인식·예방한다. 일반적으로 DMZ의 안팎에서 실행된다.
- 침입 Penetration 시스템 보호를 우회해서 민감한 자료에

비합법적으로 접속하는 것이다.

· 트로이 목마Trojans 또는 매몰Implants   양성Benign 프로그램
또는 응용 프로그램으로 가장된 멀웨어이다.

· 파밍Pharming   실사용자의 활동을 가짜 사이트 또는 응용
프로그램으로 전용轉用하는 기술이다.

· 퍼징Fuzzing   보안 취약성을 찾기 위해 응용 프로그램의
사양을 벗어난 입력을 찾아내는 회귀 테스트이다.

· 평문Plaintext   암호문으로 바뀌기 전의 자료, 또는 암호가
해독되지 않은 자료이다.

· DMZ De-Militarized Zone   조직의 내부 통신망과 통상 인터넷
인 외부 통신망 사이에 있는 둘레 통신망을 가리킨다. 안전
한 층과 불안전한 층간의 자료 전송을 확실히 하는 데 통신
망 분할이 사용되는 단층 보안 모델의 일부이다.

6

모범 사용 사례 1:
기반 시설 서비스와 플랫폼 서비스

앞의 1장과 2장에서 서비스 모델에 대해 논의할 때 추출 수준도 함께 이야기했다. 이 장에서는 그 논의에 덧붙여 기반 시설 서비스와 플랫폼 서비스 추출 수준의 일반적인 활용과 그 장단점, 그리고 그것들에 적당한 가격 모델에 대해 살펴보자. 특히 다음과 같은 점들을 생각해보자.

- 기반 시설 서비스와 플랫폼 서비스 배치 모델을 사용하는 여러 사례
- 사용 사례에 대한 SWOT 분석
- 기반 시설 서비스와 플랫폼 서비스를 구매할 때 고려해야 할 질문

일반적으로 사용 사례는 서비스, 기능, 또는 응용 프로그램 형태의 해답을 도출하기 위해 여러 상호 작용들의 요구 사항 및 순서를 규정하는 데 사용된다. 분명한 해결책으로 실행될 수 있는 사용 사례들 간에 공통점이 발견되면 이는 모범 사용 사례라고 불린다. 이러한 모범 사용 사례들은 일반적으로 마이크로서비스를 이용해 실행된다. 이것이 표준화되어 클라우드에서 실행되면 클라우드 셀이라고 한다. 따라서 클라우드 셀은 모범 사용 사례들을 실행한다. 이 장에서는 기반 시설 서비스와 플랫폼 서비스를 살펴보고, 다음 장에서는 다른 클라

우드 배치 모델들을 다룬다.

이 장과 함께 10장 '클라우드로의 이행'에서 제시되는 체크 리스트를 참조할 수 있는데, 그것은 클라우드 컴퓨팅을 고려할 때 던져야 할 많은 질문들을 보여준다. 그리고 이 장에서 소개되는 상업적 예들은, 종합적인 것이 아니며 단지 각각의 다양한 사용 사례를 자세히 보여주려는 목적이 크다.

기반 시설 서비스와 플랫폼 서비스의 사용 사례

전산에서 기반 시설은 소프트웨어를 운영하는 데 사용하는 컴퓨팅 기기뿐만 아니라 이들 컴퓨팅 기기를 위한 보조 구성 요소들도 포함한다. 컴퓨팅 기기는 스마트폰일 수도 있고, 아이패드iPad와 같은 태블릿 컴퓨터일 수도 있으며, 노트북이나 데스크톱 컴퓨터일 수도 있다. 이메일을 예로 들자. 이메일을 당신의 컴퓨팅 장치에 배달하기 위해서 데이터 센터의 메일 서버를 쓴다. 이 메일 서버는 인터넷에서 메일을 받고 지역 통신망을 통해 당신에게 전송한다. 즉, 서버라고 불리는 컴퓨팅 장치에 담긴 응용 프로그램이 한다. 이 서버는 태블릿 또는 노트북 같은 클라이언트의 장치에 서비스하는데, 이런 구성을 클라이언트 서버 모델Client-Server Model이라고 부른다. 서버를 클라이언트들에게 연결하려면 통신망이 필요하므로 통신망 역시 방화벽, 스위치 같은 통신망 장치와 함께 전산 기반 시설이다. 이메일은 데이터 센터의 디스크에 저장된다. 이들 디스크는 어레이Array 방식으로 연결되어 있으며, 언제나 수없이 많은 이메일을 빠르게 처리해야 한다. 일반적으로 디스크 어레이Disk Array는 SAN Storage Area Network 또는 NAS Network Attached Storage 장치로 구성된다. 이 책의 목적상 이런 장치들을 더 살피는 것은 중요하지 않기에 그냥 저장 장치라고 부르기로 한다. 이것들도 전산 기반 시설을 이룬다. 그래서 전산 기반 시설은 최종 사용자의 컴퓨팅 장치(노트북, 스마트폰, 태블릿), 최종 사용자 기기를 위한 데이터 센터의 서버, 그리고 저장소, 통신망, 통신 장비 등으로 구성되어 있다. 이메일 전송과 같은 일상적인 과제를 수행하는 응용 프로그램들 역시 전산 기반 시설이다. 이 응용 프로그램들은 운영체제의 위, 그리고 소프트웨어 층의 아래에 놓여 있다. 그것들은 운영체제와 다른 응용 프로그램들 사이에 통합 층을 만든다. 또한 응용 프로그램 간에 자료의 통신과 관리가 가능하도록 함으로써 그들 사이의 접착제 역할을 한다. 이러한 통합 응용 프로그램은 일반적으로 미들웨어로 분류되는데, 이 역시 전산 기반 시설의 구성 요소이다.

클라우드 컴퓨팅에서는 전산 기반 시설이 두 개의 분명한 영역으로 구성되어 있다. 서버, 통신망, 저장소, 컴퓨팅 장치 같은 모든 물질적 장치들은 '기반 시설'이라고 불린다. 서버와 컴퓨팅 기기가 운영체제 및 미들웨어와 합쳐지면 '플랫폼'이라고 부른다. 그러므로 기반 시설 서비스와 플랫폼 서비스는 전산 기반 시설 스택Stack의 일부분이다. 플랫폼 서비스를 사용하고, 그 위에 다중 임차Multi-tenancy 기능이 있는 응용 프로그램을 기록해 소프트웨어 서비스를 만들 수 있다는 점을 기억하자. 마찬가지로 플랫폼 서비스와 소프트웨어 서비스에 각각 정보와 사업 과정을 얹어 정보 전파 서비스(정보 서비스) 또는 사업 과정 서비스를 만들 수 있다. 같은 방식으로, 기반 시설 위에 운영체제와 미들웨어를 더해 플랫폼 서비스를 만드는 방법이 있다.

〈그림 21〉은 기반 시설 서비스의 주요 사용 사례를 보여준다. 사례들 중 몇 가지는 이 장에서 살펴본다. 이 사례들을 살펴보면서 그것들을 연결하는 공통 맥락을 찾게 될 것이다. 즉, 컴퓨팅 중심의 작업, 저장, 백업(다른 장소 또는 매체에 실제로 저장하는 것이다), 응용 프로그램의 호스팅, 사용자 수의 변화가 심하고 일상적인 배후 서비스가 필요한 웹 호스팅 같은 서비스에는 기반 시설 서비스와 플랫폼 서비스가 이상적이다. 이 기반 시설 서비스와 플랫폼 서비스의 모범 사례는 공동체 클라우드로 혜택을 보는 대학부터 기민한 방식으로 시장에 빨

그림 21   기반 시설 서비스의 사용 사례

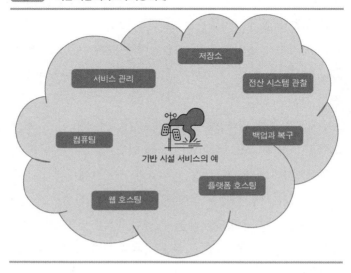

어오
기반 시설 서비스의 예

리 나가야 하는 창업 회사까지 다양한 사용자에게 적당하다.

컴퓨팅

어느 대학의 학부에 짧은 시간 안에 해결해야 할 많은 과제
와 복잡한 문제들이 있다고 가정해보자. 예를 들어 인간 유전
자 지도나 배열을 알아보려 한다면 그런 상황이 될 수 있다.
이 일을 위해 전 세계에 걸친 다양한 대학이 회원으로 있으면
서 각 회원이 같은 양의 컴퓨팅 자원을 할애하는 공동체 클라
우드를 만들 수 있다. 클라우드 컴퓨팅의 탄력적 특성은 세계

어느 지역에서 야간에는 사용되지 않는 컴퓨터들이 그 문제를 위해 활용될 수 있으므로 언제든지 일정 수의 컴퓨팅 자원이 사용되도록 할 수 있다. 따라서 그런 클라우드는 하나의 데이터 센터에 제한되지 않고 여러 지리적 경계들과 많은 데이터 센터들에 걸친 컴퓨팅 자원으로 설명된다. 이 사례의 장점은 분명한데, 그것은 공유, 절감된 컴퓨팅 시간, 전산 기반 시설 투자의 효율적 활용에 따른 저렴한 컴퓨팅 자원이다. 단점은 기술적·사업적 부분인데, 통신망이 중요하므로 통신 기기들과 함께 더욱 자주 업그레이드할 필요가 있을 것이다. 또한 공동체 클라우드에 펼쳐진 자료와 지적재산권을 누가 소유하는지 기술하는 법적 틀이 필요할 것이다.

대학 공동체 클라우드는 컴퓨팅 중심의 문제를 해결하기 위해 기반 시설 서비스와 플랫폼 서비스를 사용하는 한 예이다. 더 간단한 예는 즉각적으로 영상 이미지 렌더링을 원하는 경우이다. 이런 응용 프로그램은 지리적으로 퍼져 있는 공동체 클라우드를 필요로 하지 않으며, 컴퓨팅 중심의 기반 시설 서비스가 제공되기를 원할 것이다. 이 경우에는 렌더링 과정에서만 높은 수준의 컴퓨팅 자원이 있으면 되므로 기반 시설 서비스나 플랫폼 서비스가 이상적이다. 이는 렌더링 과정에서 필요할 때만 비용을 지불하는 것을 뜻한다. 또한 어쩌다 사용하는 컴퓨팅 자원을 구매하는 데 미리 자산을 투자할 필요가 없다. 그리고 이미지 렌더링의 성격상 필요한 컴퓨팅의 양을 평가·예측할 수 없으므로 클라우드 플랫폼의 탄력성을 활용하는 것이 맞다. 주요 단점이라면 클라우드 서비스 제공자와의 인터넷 연결이 이미지 렌더링에 알맞은 필요한 대역폭을 갖도록 확실히 해야 한다는 점이다.

클라우드 컴퓨팅 사용의 또 다른 예는 응용 프로그램을 클라우드에 두어 노트북이나 스마트폰 같은 최종 소비자 기기가 그 응용 프로그램을 사용하는 경우이다. 이 사용 사례는 최종 사용자 기기가 신 클라이언트[1] 또는 제로 클라이언트[2]여야 한다. 이런 기기들은 도난당하면 쓸모가 없어지지만 데스크톱 컴퓨터나 노트북에 비해 교체하기가 쉽고 싸다. 그래서 대규모 조직들에서는 직원들에게 클라우드에 있는 응용 프로그램을 이용할 수 있는 '벙어리dumb' 기기(단말기)를 제공하기도 한다. 이러한 사용 사례는 클라우드 및 응용 서비스 제공자들에게 새로운 사업 기회를 열어준다. 제로 클라이언트를 무료로 주는 대신 클라우드 및 응용 프로그램에 확실히 연결되도록 해 사용 수수료를 부과한다. 이는 면도기를 공짜로 주고 면도날을 파는 것과 비슷하다.

웹 호스팅

웹 호스팅의 몇 가지 특징은 다음과 같다. (1) 트래픽을 거의 알아채지 못한다. (2) 트래픽은 일·주·월별 시간대에 따라 변한다. (3) 마케팅 또는 제품 출시 시기에는 트래픽이 급증한다. 이런 특징들은 사업이 확장될 때의 일반적인 기반 시설 확장에 추가되는 것이다. 기반 시설 서비스와 플랫폼 서비스 컴퓨팅 모델은 탄력성 및 사용 기준 가격제 때문에 웹 호스팅에 이상적이다.

저장소

기반 시설 서비스 또는 플랫폼 서비스의 제공자로부터 공급된 저장소는 중복 저장소를 지닌다. 자료를 보관한 개인의 디스크가 망가지면 중복 디스크에 자료가 있으므로 자료를 잃어버리지 않는다. 이런 유형의 저장소는 자료가 분할되어 드라이브에 복제될 수 있도록 설정된 RAID Redundant Array of Inexpensive Disks로 구성되어 있다. 더욱이 어느 것이 망가지면 자료 손실 없이 다른 것으로 대체되도록 디스크가 추적·관찰된다. 기술 숙련도, 측정, 구성 전문성이 필요하므로 비전문가나 영세업자가 그런 시스템을 직접 설치하는 것은 일반적으로 가능하지 않다. 기반 시설 서비스의 클라우드 저장 해법은 항상 활용이 가능하고, 사용 기준 가격 제도를 사용하며, 전 세계 어디에서든 접속이 가능하고, 어떤 기기로도 접속할 수 있기에 이상적이다. 저장하는 자료는 미디어 파일(사진, 음악, 영상 등), 개인 관련 정보(비밀번호, 금융 정보, 자산 정보 등), 통신(이메일 또는 편지), 일반 파일(pdf 파일, 스프레드시트 등) 등 개인이 당연히 필요로 하는 것이다. 가장 상업적인 저장소로는 애플의 아이 클라우드, 드롭박스, 구글 드라이브, 아마존 S3 등이 있다.

백업과 복구

이 책을 쓸 때 한 가지 불운한 일이 생겼다. 필자의 시스템 디스크를 개선하던 중에 설정을 바꾸면서 예기치 않게 자료 디스크를 사용할 수 없게 만들었다. 시스템 디스크에는 윈도 7이 깔려 있었고 자료 디스크는 RIAD 1 저장소(한 디스크가 망가져도 다른 디스크에 아직 자료가 남아 있다)로 구성되어 있었다. 원고는 자료 디스크에 저장되어 있었다. 백업 서버에 새롭게 백업되어 있었으므로 자료 디스크를 재구성하고 그것들을 포맷했다. 그리고 백업 서버로부터 자료 디스크로 파일을 복사하려고 했다. 이때 큰 문제에 봉착했다. 파일을 복구하는 데 사용하는 소프트웨어가 파일 몇 개만 복사하고 백업 서버의 모든 파일을 지워버렸다. 그러다 보니 원고가 없어졌다. 몇 개의 파일을 복구할 수는 있었지만(각 장이 별개의 파일에 들어 있었다) 대부분의 작업물을 잃고 말았다. 백업을 위해 클라우드 서비스 제공자를 이용했다면 그런 문제는 없었을 것이다. 게다가 필자의 백업 서버와 워크스테이션이 같은 장소에 있었으므로 화재와 같은 다른 재앙이 온다면 파일을 잃어버릴 위험도 충분했다. 클라우드 기반의 백업은 필자의 워크스테이션 및 백업 서버가 있는 곳이 아닌 다른 장소에 있다. 클라우드 기반 백업의 단점으로는 (1) 클라우드 서비스 제공자의 보안 위반으로 제3자가 자료를 챙길 위험, (2) 클라우드 서비스 제공 회사의 직원이 자료에 접속할 수 있다는 점이 있다. 이러한 단점을 극복하는 한 가지 방법은 강력한 암호화 기법을 사용하고 암호화된 파일로 백업하는 것이다.

다른 관점에서, 자료 저장을 클라우드 서비스 제공자에게 의뢰한다고 가정해보자. 자료의 일부 또는 전부를 백업하기 위해 다른 클라우드 서비스 제공자를 활용하는 것은 일리가 있다. 백업을 위해 다른 클라우드 서비스 제공자를 쓰는 이유로는 두 가지가 있는데, (1) 백업을 위한 다른 장소가 있다는 점이고, (2) 한 제공자가 단전되거나 도산해도 자료에 여전히 접속할 수 있다는 점이다. 자료의 제한 없는 흐름을 보장하기 위해서 두 클라우드 제공자 간에 어떤 식의 통합, 또는 백업과 복구를 위한 간단한 응용 프로그램이 필요할 수 있다. 그 한 가지 방법은 두 저장소 사이의 자료를 Freefilesync, Rsync, Bit-Torrent Sync 같은 소프트웨어를 사용해 동기화하는 것이다. 현재 백업용으로 시장에 나와 있는 것으로는 CrashPlan, Backblaze, Spideroak, Carbonite, Bitcasa, Amazon Glacier

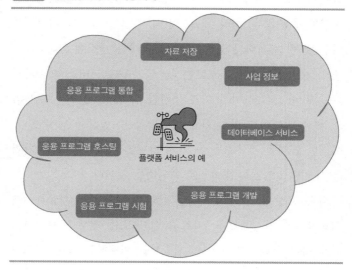

그림 22 플랫폼 서비스의 사용 사례

등이 있다. 후자의 것들은 기록 보관용 해법에 가까운데, 한 달에 한 번 만들고 가끔만 찾아보는 정례적인 백업 작업에 쓰인다. 참고로 이 책 뒷부분의 부록에는 백업 계획들에 대한 논의가 실려 있다.

〈그림 22〉는 플랫폼 서비스의 주요 사용 사례를 보여주는데, 그중 몇 가지는 이 장에 논의되어 있다.

데이터베이스 서비스

데이터베이스는 자료를 쉽게 찾거나 추적할 수 있도록 조직된 지속적 자료의 조합이다. 자료의 지속성이란 하나의 응용 프로그램이 운용되는 동안은 물론, 여러 응용 프로그램이 운용되는 훨씬 긴 시간 동안에도 유지되는 것이어야 한다. 일반적으로 데이터베이스의 특성은 (1) 조밀함, (2) 자료 회수와 갱신의 속도, (3) 자료의 관련성 및 목적에 부합한 최신화를 보장하는 현재성 등이다. 그러나 데이터베이스는 손쉬운 접근을 위한 색인과 기록이 있으며, 기록을 정리하는 조직을 지닌 전자 파일로 간단히 생각할 수 있다. 데이터베이스는 응용 프로그램들 사이에 통합과 대화 층을 형성하고, 복수의 응용 프로그램들이 같은 자료를 공유하며 재사용할 수 있게 하므로 미들웨어라고 부른다.

데이터베이스를 뒷받침하는 것은 물리적으로 자료를 저장하는 저장 시스템이다. 그러므로 앞에서 논의한 기반 시설 서비스의 저장 서비스 외에 플랫폼 서비스로 운영되는 데이터 시스템도 있다. 이러한 서비스로서의 데이터베이스는 데이터베이스 역할을 하는 클라우드 셀을 제공한다. 그런 데이터베이스 서비스는 사용할 필요가 있는 응용 프로그램에 쉽고 빠르게 접속할 수 있어야 한다. 따라서 데이터베이스가 그에 접속하는 응용 프로그램과 동일한 클라우드 안에 있는 것이 이상적이다. 이렇게 해야 처리 시간을 최소화하고 최상의 성과를 제공한다. 이런 구성의 장점은 대부분의 전산 스택을 클라우드 안에 두는 것인데, 응용 프로그램, 데이터베이스, 물리적 저장소 같은 것이 있다. 응용 프로그램이 웹 기반의 응용 프로그램이라면 웹 브라우저를 이용해 원격으로 접근할 수 있고, 응용 프로그램이 '식 클라이언트Thick Client'[3] 응용 프로그램이라면 접근을 위해 응용 프로그램 가상화(1장에서 설명)를 사용하게 되는데, 이것이 신 클라이언트 또는 제로 클라이언트를 실현시키는 수단이 된다.

클라우드 데이터베이스 서비스의 또 다른 이점은 다양한 응용 프로그램이 일상 용품처럼 간주될 정도의 데이터베이스 유용성과 관련이 있다. 그래서 데이터베이스 서비스를 가전제품처럼 작동하는 클라우드 셀로 구성할 수 있다. 필요할 때마다 데이터베이스를 결정·설치·구성할 필요가 없으며, 그 대신 클라우드 환경 안의 데이터베이스 클라우드 셀을 불러와 응용 프로그램에 연결시키면 된다. 이렇게 서비스 셀로서 데이터베이스를 이용하면 시간, 노력, 비용을 줄일 수 있다. 데이터베이스 클라우드 셀을 이용할 때 큰 장애 중 하나는 사업과 관련된 것이다. 대부분의 회사에는 그런 클라우드 컴퓨팅 형식 또는 틀에 알맞은 사용 허가권 정책이 없다. 이러한 어려움을 극복하는 한 가지 방법은 PostgreSQL 또는 MySQL 같은 무료 데이터베이스를 이용하는 것이다.

데이터베이스 클라우드의 또 다른 이점은 다른 기술들을

기반으로 하는 이질적 플랫폼이 운영하는 응용 프로그램들이, 데이터베이스의 기록들에 쉽고 매끄럽게 접속하며 추적할 수 있다는 것이다. 이질적인 응용 프로그램과 플랫폼을 쓰면서 세계 어디에서든 정보에 접속할 수 있는 클라우드 서비스를 이용할 경우 데이터베이스에 대한 접속성은 더욱 향상된다. 이는 데이터베이스 시스템이 대단히 성숙되었으며, JDBC Java Database Connectivity, ODBC Open Database Connectivity와 같은 다양한 기술 통신 규약이 있기 때문이다. 아울러 대부분의 데이터베이스는 조회, 갱신, 그리고 데이터베이스 기록을 수정할 때 SQL Structured Query Language이라고 부르는 잘 정리된 언어를 사용한다. 그 결과, 다른 장소에 있는 응용 프로그램들은 클라우드 기반의 데이터베이스 서비스를 이용하면 아주 잘 통합될 수 있다.

응용 프로그램 개발

플랫폼 서비스에서 응용 프로그램을 개발하려는 두 가지 큰 이유가 있다. 첫째는 시장에 빨리 진출하는 데 이용할 소프트웨어 서비스를 만들고 싶다는 점이고, 둘째는 기반 시설 스택을 걱정할 필요 없이 응용 프로그램의 필요 사항에 집중함으로써 '개발-제작-테스트-배포'의 주기를 신속하게 마치고 싶다는 점이다(결국 응용 프로그램 개발자는 데이터 센터가 아니라 제공하려는 응용 프로그램에 집중하려 한다). 어떤 경우든지 응용 프로그램 개발을 위해 플랫폼 서비스를 이용하면 다음과 같은 여러 이점이 있다.

- 하드웨어처럼 사소한 것이 아닌 응용 프로그램을 만드는 일에 집중하도록 만든다.
- 사용 기준 가격제이므로 시작 단계에서 기반 시설을 위해 비용을 쓸 필요가 없다.
- 응용 프로그램을 재설계하지 않고도 사용자가 1명에서 100만 명으로 확장될 수 있는 응용 프로그램을 만들 수 있다.
- 사용할 응용 프로그램을 위한 저장소와 데이터베이스 같은 부분품들은 표준 제품, 기성품처럼 꺼내어 쓸 수 있다.
- 대부분의 응용 프로그램 개발자에게 친숙한 표준적 개발 환경을 제공받을 수 있다. 게다가 응용 프로그램 틀, 코드 표본, 개발 도구들까지 포함된다.

대부분의 클라우드 제공자는 응용 프로그램을 옮길 수 있도록 허용하고 도와줄 도구가 있지만, 가장 큰 단점은 좋은 응용 프로그램 개발 환경이 당신을 특정 업자에게 묶어놓는다는 것이다. 클라우드 서비스 제공자와 헤어지기에는 결별과 관련된 간접비용, 예를 들어 필요한 재능, 필요한 응용 프로그램 통합 작업을 확보하는 것과 같은 독자적 환경을 다른 곳에 만드는 데 비용이 너무 많이 들 수 있다. 이 위험을 완화하기 위해 (1) 플랫폼 서비스에서 제공하는 기술과 응용 프로그램 개발 틀을 평가하고, (2) 응용 프로그램과 자료의 구조가 더 큰 상호 운용 능력과 유연성을 갖도록 한다.

요즘 일반적으로 쓰이는 플랫폼은 마이크로소프트의 애저 Azure, 구글의 앱 엔진Google App Engine, 아마존의 EC2이다. 크게 보면 이 세 가지 제안은 직접적으로 비교할 수 없는데, 각각의 플랫폼에서 같은 응용 프로그램을 만들 수 있다 해도 다른 것이기 때문이다. 애저는 닷넷 프레임워크를 제공한다. 이것은 다양한 프로그램 언어들(예를 들어 Visual Basic, C, C++, C#) 간의 상호 작동성을 제공하는 재활용 소프트웨어의 라이브러리를 포함하는 소프트웨어 틀이다. 즉, 한 가지 언어로 쓰인 코드는 다른 언어로 쓰인 코드를 재사용할 수 있다는 뜻이다. 그러나 앱 엔진은 Python, Java, PHP, Go 등을 통해 코드를 쓸 수 있게 하는 런타임 환경을 제공한다. 이는 앱 엔진 런타임 환경을 이용해 코드를 개발하고 테스트할 수 있도록 하며, Eclipse를 IDEIntegrated Development Environment[4]로 선택적으로 사용한다. 이런 앱 엔진의 특징 때문에 웹 응용 프로그램, 또는 이동 기기를 목표로 한 응용 프로그램에 적당하다. 아마존의 EC2는 응용 프로그램 개발 플랫폼보다는 응용 프로그램을 호스팅하는 플랫폼에 알맞고, 플랫폼 서비스보다는 기반 시설 서비스에 적당하다. 그러나 응용 프로그램 틀, 도구, 개발 스택을 준비해야 하는데도 응용 프로그램의 개발과 테스트에 쓰일 수 있다. 그 후에는 이것을 스스로 유지·보수하고 갱신해야 한다. 응용 프로그램이 확장될 수 있도록 하는 책임 역시 당신에게 있지만, 하드웨어에 대한 높은 자유도와 통제를 누린다. 그 결과, 이것의 가장 큰 장점은 미래에 옮겨가고 싶을 때 훨씬 쉽게 옮길 수 있다는 것이다.

응용 프로그램 테스트

응용 프로그램 개발에 대한 많은 논의는 테스트에도 곧잘 적용된다. 테스트에는 두 가지 목적이 있는데, 사용자 요구 사항이 응용 프로그램과 맞는지 입증하고, 이 응용 프로그램이 그러한 요구 사항을 충족하는지 확인해준다. 클라우드 서비스를 테스트에 사용할 때 주요 이점은 다음과 같다.

- 테스트 환경의 크기를 시연Demo하는 환경처럼 키울 수 있다.
- 자본비용 없이 유연한 테스트 환경이 가능하다.
- 테스트 수요의 변화에 따라 증가 또는 감소시킬 수 있는 유연성이 있다.

- 다중 환경 간에 이동 용이성이 있다(시연, 개발, 실험 등).
- 환경을 클라이언트와 공유하는 경우 표준화된 테스트 도구, 절차, 테스트 대본이 있어 베타 테스트 및 사용자 수용 테스트에 유용하다.
- 테스트 환경을 만드는 시간이 감소함에 따라 시장 진출이 빨라진다.
- 모의 사용자들의 도움으로 얻은 소프트웨어의 크기와 양에 관련된 정보는 확장성과 기반 시설 수요를 평가하는 데 도움이 된다.

여러 가지 테스트를 위해서 클라우드 기반의 테스트 환경을 이용할 수 있다. 알파·베타 테스트, 재난 복구 테스트, 기능 테스트, 통합 테스트, 부하 테스트, 운영 테스트, 평행 운영 테스트, 성능 테스트, 피로 테스트, 보안 테스트, 시스템 테스트, 단위 테스트, 사용자 수용 테스트 등이 가장 일반적인 형식이다.

응용 프로그램 통합

사업 과정들과 기능들을 통합하기 위해 그러한 기능들이 사용하는 응용 프로그램들과 자료를 통합할 필요가 있다. 미들웨어는 이를 행하는 통합 층Integration Layer을 제공한다. 세 종류의 미들웨어가 있는데, 메시지 지향적 미들웨어, 자료 지향적 미들웨어, 목적 지향적 미들웨어가 그것이다. 메시지 지향적 미들웨어는 응용 프로그램들이 그들 간의 메시지를 주로 메시지 큐Message Queue를 통해 보내도록 한다. 자료 지향적 미들웨어는 응용 프로그램들이 데이터베이스의 긴급 경로를 통해 그들 사이에 자료의 덩어리와 정보를 공유하도록 만든다. 목적 지향적 미들웨어는 응용 프로그램들이 코드와 같은 목표물을 공유하도록 하는데, 응용 프로그램에서의 일반적인 사용 예는 코드를 다른 응용 프로그램에서 실행하는 것이다. 자료 지향적 미들웨어에 대해서는 '데이터베이스 서비스'라는 제목으로 이 장에서 다루었으므로 여기에서는 응용 프로그램, 더 넓게는 클라우드 기반 서비스를 통합하는 도구로서 메시지 지향적 미들웨어를 생각해보기로 하자.

메시지 지향적 미들웨어는 응용 프로그램 간의 메시지 교환을 위해 메시지 큐에 의존한다. 메시지 큐란 기억 장치 안에 있는 완충 장치, 즉 데이터베이스 안의 자료 모음 또는 디스크 안의 파일 모음 같은 것으로 정의할 수 있다. 메시지는 송신 응용 프로그램에 의해 큐로 보내져 수신 응용 프로그램에 의해 회수될 때까지 축적된다. 메시지 지향적 미들웨어의 특징은 다음과 같이 제시될 수 있다.

· 동시성　　동시적 또는 비동시적 메시지 보내기가 있다. 후자의 특징은 메시지를 교환하기 위해 서로 기다리지 않는다는 것이다. 차단된 메시지 보내기로 알려진 동시적 메시지 보내기는 다른 일이 시작되기 전에 메시지의 처리 또는 수신에 기초하여 한 가지 일을 확실히 끝내도록 하는 것인데, 메시지를 읽고 난 후에 다른 메시지를 보내야 하므로 송신 응용 프로그램은 기다리게 된다.

· 분리　　분리 특성은 기능적·물리적으로 통신 응용 프로그램이 독립적이게 만든다. 다른 기반 시설에 있으면서 다른 기술들을 사용하고, 코드에 다른 로직을 가지고 있어 쉬지 않고 해결책을 만든다.

· 서비스의 질 Quality of Service: QoS　　세 가지 다른 서비스 질의 수준이 있는데, (1) 확실한(또는 믿을 수 있는) 메시지, (2) 보증된 메시지, (3) 거래된 메시지가 그것이다. 확실한 메시지 보내기는 수신 프로그램이 송신 프로그램에 메시지(또는 메시지들의 순서에 따른 묶음)를 수신했다고 알리는 일종의 악수 hand-shake 방식으로 이루어진다. 보증된 메시지 보내기는, 수신 프로그램에 반드시 배달된다는 확인과 함께 단 한 번만 메시지를 보낸다. 보증된 메시지 보내기는 메시지 잔상 기능을 채용

함으로써, 메시지가 발송되어 전송 중에 있고 수신되지 않은 사이에 송신자나 수신자가 접속이 가능하지 않아도 배달이 되도록 보장한다. 거래된 메시지는 메시지가 거래의 한 부분 또는 전반적인 사업 기능임을 보장하며, 그러한 메시지는 거래가 전체적으로 성사 또는 완료되었을 때 배달된다고 간주된다.

· 메시지 정리와 필터링　　메시지를 우선순위, 그룹, 신원 등에 따라 보내고 받을 수 있다. 메시지의 우선순위를 매겨두면 높은 순위의 메시지가 처음 회수되도록 할 수 있다. 그렇지 않으면(즉, 우선순위가 매겨져 있지 않다면) 메시지 큐에서 먼저 온 순서대로 회수된다(IT 용어로는 FIFO First In, First Out). 다른 한편으로 송신 응용 프로그램 신원 확인을 위해, 또는 어떤 과제에 메시지를 연관시키기 위해서 메시지에 인식표를 부여할 수 있다. 공통의 인식표와 관련된 메시지를 모두 받았을 때만 관련 메시지 다발을 처리하도록 한다. 인식표의 또 다른 목적은 그룹들 안에 메시지들의 순서를 만드는 것이다. 그것들의 인식표에 따라 메시지 그룹 속에서 한 메시지를 식별할 수 있다. 또한 그룹 식별표를 두어 메시지 그룹을 식별할 수도 있다.

· 메시지 유형　　익명성과 연관성을 바탕으로 한 여러 유형의 메시지가 있다. 전자는 송신 응용 프로그램과 관련된 정보

를 담고 있는지에 따라 익명성 또는 비익명성 메시지로 나뉜다. 후자는 송신자와 수신자 또는 수신자들 간의 점 대 점Point-to-Point 메시지이거나, 방송 메시지처럼 특정 주제에 관심 있는 수신인들에게 그 주제로 발송된 메시지이다. 올바른 메시지 유형을 만들고 일관성을 유지해야 바로 그곳에서, 또는 클라이언트 서버를 설계할 때 클라이언트들과 서버들 사이에 잘 분류된 형식으로 전개할 수 있게 되고, 그러면 확장성 있는 응용 프로그램과 사업 기능을 만들 수 있는 능력이 생긴다.

· 보안   메시지를 수신해야 하는 응용 프로그램만 메시지를 받도록 하기 위해 큐에 접속 통제 기능을 두어 자격을 갖춘 응용 프로그램만 큐로부터 메시지를 회수할 수 있게 허락한다. 또한 허가된 응용 프로그램만 특정 큐에 메시지를 보낼 수 있도록 비슷한 접속 통제 기능을 둘 수도 있다.

응용 프로그램의 통합을 고려한다면 메시지 지향적 또는 자료 지향적 미들웨어를 이용해 응용 프로그램들이 자료를 교환할 수 있도록 하는 메시지 모델이나 자료 모델을 정하는 것이 중요하다. 일반적인 자료 모델은 응용 프로그램에 심어진 사업 로직에 자료가 가까이 묶이지 않도록 응용 프로그램들 간의 분리를 유지시킨다. 어떤 산업 분야는 금융 산업의 fpML, SWIFT, FIX와 같이 표준적인 자료 모델을 갖고 있다.

응용 프로그램 통합에 대한 제안들로는 IBM WebSphere MQ, TIBCO Rendezvous, RabbitMQ, Beanstalkd, 아마존의 SQS Simple Queue Service 등이 있다. 마지막 것 외에는 클라우드 기반이 없다. 그러나 응용 프로그램 및 사업 과정을 통합하도록 당신의 클라우드에 설치할 수 있다. 아마존의 SQS는 웹 응용 프로그램들이 아마존 클라우드 서비스 내 응용 프로그램들의 구성 요소 간에 메시지를 보낼 수 있도록 하는 분산된 큐 시스템이다. 클라우드 자원과 응용 프로그램을 관찰하는 서비스인 아마존의 클라우드 워치 CloudWatch와 SQS를 통합해 SQS 큐에 대한 사용 지표들을 수집·관찰·분석한다.

SWOT 분석

〈그림 23〉은 클라우드 사용자 관점에서 기반 시설 서비스와 플랫폼 클라우드 컴퓨팅 모델에 대한 SWOT 분석을 보여준다. 많은 약점들, 특히 자료 보안이나 무결성 같은 것들은 다양한 전술을 이용해 해결될 수 있다. 그런 전술 중 하나는 클라우드에 저장된, 또는 클라우드 안에서 응용 프로그램에 사용된 민감한 자료를 암호화하는 기법을 채용하는 것이다. 또 다른 전술은 혼합형 클라우드 모델을 채용해 기반 시설 및

그림 23　　기반 시설 및 플랫폼 서비스에 대한 SWOT 분석

강점	약점
· 기반 시설에 대해 미리 투자할 필요가 없음 · 사용한 것에 대해 사용한 때에 지불 · 본인만의 운영체제 지정 및 사용 · 본인만의 도구와 응용 프로그램 설치 · 수요 변화에 대응하기 쉬운 확장성 · 자동 백업 · 어디에서나 사용 가능	· 보안이 침해당할 수도 있음 · 클라우드 서비스 제공자는 당신의 자료와 응용 프로그램에 접속할 수 있음 · 응용 프로그램과 사용자에게 중앙 처리 장치 및 램의 용량이 충분한지 잘 모름
기회	위협
· 시장에 빨리 진출하는 능력 · 공동체 클라우드를 사용할 때 · 시장 생태 환경과 시너지 확대 · 혼합형 클라우드에 보안 위험을 담을 수 있는 능력 · 소규모 또는 창업 기업이 기반 시설에 대한 규모의 경제를 누릴 수 있음	· 클라우드 서비스 제공자에 대한 의존도 상승

플랫폼 서비스는 컴퓨팅 용도로 사용하고 자료는 현장에 두거나 다른 기반 시설 및 플랫폼 서비스 제공자에게 저장하는 것이다. 이들에 대한 선택은 상호 배타적인 것이 아니어서 강화된 보안 요구를 맞추기 위해 합쳐질 수도 있다. 그러나 두 가지 모두 추가 시간 지연이라는 결점이 있는데, 응용 프로그램이 암호·해독 서비스를 통해 자료를 현장에서 암호화하고 해독하는 시간이 들기 때문이다.[5]

응용 프로그램 또는 사용자 때문에 걸리는 부하를 이해하는 것은 클라우드 컴퓨팅에만 해당되지 않는 일반적인 고려

표 4	기반 시설 서비스의 핵심 요점
범위	사적·공동체·공개·혼합형 클라우드
일반적인 사용	저장소, 인쇄, 컴퓨팅, 통신, 호스팅 같은 전산 기반 시설 서비스
예	· 파일 동기화(드롭박스) · 인쇄(구글 프린트) · 호스팅[아마존 EC2, HP 클라우드(HP Cloud), 랙스페이스(Rackspace)] · 저장소[아마존 클라우드 드라이브, 저스트 클라우드(JustCloud)] · 백업 [짚 클라우드(ZipCloud), 카보나이트(Carbonite)]
질문	· 계약상 적용되는 최단 기간은? · 자본비용 요소가 있는가? · 계약상 서비스 수준에 미치지 못하는 경우 벌금이 있는가? · 서비스 수준 계약은 얼마나 투명한가? 어떤 지표들이 관측·보고되는가? · 보고서는 얼마나 자주 갱신되는가? · 사업 연속성 또는 재난 구제 수단이 있는가? · 전체 거래 시간은? 피크 사용 시에는 질이 떨어지는가?
일반적인 가격 모델	보통은 소비된 저장소, 컴퓨팅 자원과 통신망 번잡도, 또는 이것들의 조합을 기준으로 한다. 일반적으로 공개 클라우드에서는 일반관리비로 처리하고, 사적, 공동체, 혼합형 클라우드에서는 자본비용 요소가 있을 수 있다.

사항이다. 응용 프로그램들은 최상의 사용자 경험을 제공하기 위해 필요한 램의 크기와 CPU 번호를 적절히 테스트해야한다. 이 점에 관해서는 기반 시설 및 플랫폼 클라우드 모델의 '응용 프로그램 테스트'라는 사용 사례가 도움이 될 것이다. 여하튼 클라우드 컴퓨팅의 가장 큰 이점이 어떤 의미로는 약점 중 하나가 될 수 있다. 즉, 클라우드 컴퓨팅은 수요에 비례해 사용된 컴퓨팅 자원들 간의 관계를 보여주기보다는, 탄력성을 통해 수요를 충족하고자 자원들을 내던져버린다.

| 표 5 | 플랫폼 서비스의 핵심 요점 |

범위	사적·공동체·공개·혼합형 클라우드
일반적인 사용	응용 프로그램이 데이터베이스 호스팅, 응용 프로그램 호스팅, 응용 프로그램 개발, 테스트 같은 서비스를 지원한다.
예	· 테스트(사용자 수용 테스트, 알파 테스트, 베타 테스트, 통합 테스트, 기기 테스트, 기능적·비기능적 테스트) · 통합(파일 번역, XML 데이터 모델로부터 또는 XML 데이터 모델로 데이터 변환) · 개발(C, C++, Net, 자바 기반의 응용 프로그램 개발) · 데이터베이스 서비스(사업 정보와 자료 저장) · LAMP(Linux-Apache·MySQL·PHP or Perl)를 이용한 웹 호스팅 또는 마이크로소프트 넷 기반 시설 서비스 · 응용 프로그램 호스팅
질문	기반 시설 서비스와 비슷하다. · 계약상 적용되는 최단 기간은? · 자본비용 요소가 있는가? · 서비스 수준을 맞추지 못하는 경우 벌금은 있는가? · 서비스 수준 계약은 얼마나 투명한가? · 어떤 지표들이 관측·보고되는가? · 테스트 목적으로 자료 연마(Data Scrubbing)가 필요한가? · 자료가 저장될 필요가 있는가?
일반적인 가격 모델	보통은 일반관리비로 계약상 사용될 서비스에 최단 기간 조항이 적용된다.

클라우드 서비스에 외주한 서비스가 사업에 대단히 중요한 경우 클라우드 서비스 제공자에게 의존하는 위험성이 있다. 따라서 클라우드 서비스를 사용할 수 없을 때 매끄럽게 사업을 지속할 수 있도록 하는 사업 연속성 계획을 만들어야 한다.

7

모범 사용 사례 2:
소프트웨어 서비스

앞 장에서 논의한 기반 시설 서비스와 플랫폼 서비스에서와
동일한 주제를 통해 소프트웨어 서비스의 사용 사례를 만들어
보자. 소프트웨어 서비스의 여러 사용 사례를 논의한 후 사용자
관점에서 소프트웨어 서비스 클라우드 컴퓨팅에 대해 SWOT
분석을 한다. 그리고 클라우드 서비스 제공자의 제안을 검토할
때 필요한 몇몇 질문을 다루는 핵심 요점으로 끝을 맺는다.

소프트웨어 서비스의 사용 사례

소프트웨어는 컴퓨터에 설치되어 있는 응용 프로그램으로
구성되며, 컴퓨터 사용자에게 알려진 기능을 제공한다. 클라
우드 컴퓨팅에서는 통합과 관찰을 지원하기 위해 배후에서 운
용되는 모든 소프트웨어를 '소프트웨어'가 아니라 '미들웨어'
라고 부른다. 컴퓨터가 제공하려는 분명한 기능으로는, 예를
들어 사무실 생산성(워드 프로세스, 프레젠테이션, 이메일, 스프레
드시트를 사용한 분석 등), 가정과 조직의 자산 추적, 예산 및 재
무 계획, 고객에 대한 청구서 등이 있다. 이것들은 〈그림 24〉
가 보여주듯이 소프트웨어 서비스의 사용 사례이다. 서비스
로서 소프트웨어의 장단점을 간단히 알아보기 위해 〈그림 24〉
의 사용 사례를 보자.

그림 24 　소프트웨어 서비스의 사용 사례

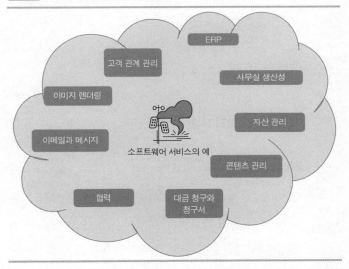

고객 관계 관리

고객 관계 관리 Customer Relationship Management: CRM 는 현재·미래의 고객과 회사 사이의 상호 작용을 관리하는 데 도움을 준다. 어떤 의미에서 고객 관계 관리 응용 프로그램은 고객에 대해 설명하고 후속 전략을 만들 수 있게 하는 거래선 관리이다. 또한 다양한 고객 성장과 소멸 지표들을 평가하기 위한 대시보드 Dashboard 와 보고서를 제공한다. 클라우드에서 고객 관계 관리 프로그램의 작성이 상대적으로 쉽고, 사업 모델과 관계없이 많은 사업자가 필요로 하는 독립적 소프트웨어이기 때문에 대부분의 고객 관계 관리 제안들은 소프트웨어 서비스 제안이다. 일반적으로 이용할 수 있는 고객 관계 관리 소프트웨어 서비스 제안은 마이크로소프트 다이내믹스Microsoft Dynamics의 CRM과 세일스포스Salesforce의 CRM이다.

소프트웨어 서비스 기반의 고객 관계 관리 해법을 이용하는 주요 이점은 세계 어느 곳에서든 고객 기록에 접속할 수 있으며, 표준화되고 객관적인 방식으로 영업팀의 성과를 추적·평가할 수 있고, 매출 성장 기록에 대한 즉각적인 파악이 가능하다는 것이다. 단점은 소프트웨어 서비스 제공자에게 의존한다는 것과 고객 관련 자료가 안전하지 않을 수 있다는 점이다. 후자는 소프트웨어 서비스 제공자가 해커에게 공격당하거나 자료에 접속할 수 있는 종업원 때문에 생기는 위험이다. 이런 위험은 아무리 작더라도 사업에 미치는 비용으로 받아들일 필요가 있다. 전자는 소프트웨어 서비스 제공자가 사업을 접거나 소프트웨어 서비스 제공자 측에 정전이 발생하는 경우를 가리킨다. 이러한 위험은 다른 클라우드 제공자에게 고객 관계 관리 자료를 정기적으로 백업함으로써 완화할 수 있다.

대금 청구 및 송장

전산 기반 시설과 마찬가지로 사업에서 중심 기능을 하는 사업 기반들이 있는데, 인적자원 관리, 자산 추적, 대금 청구,

송장, 감사 같은 것이 그러하다. 이 기능들은 사업 운영의 일부분이지만 사업 모델 자체의 한 부분은 아니다. 그래서 소프트웨어 서비스 또는 사업 과정 서비스를 이용해 효과적으로 외주할 수 있다. 대금 청구와 송장은 그러한 사용 사례이다.

고객이 주문을 하면 자동화되어 있는 승인, 대금 청구, 송장, 정산은 제3자에게 외주를 맡길 수 있다. 사안의 순서대로 이런 과업을 실행하는 제3자가 주로 사업 기능을 제공한다. 이 사업 기능들이 자동화되고 클라우드에 담겨 있다면 이것이 페이팔PayPal의 어콰이어러Acquirer[1] 같은 서비스로서 사업 과정 서비스이다. 하지만 대금 청구와 송장 응용 프로그램을 플랫폼 서비스의 플랫폼에 설치하고, 직원들이 업무의 일환으로 이것을 사용하면 사적 소프트웨어 서비스가 된다. 심지어 소프트웨어 서비스 기반의 송장과 페이팔을 통합한 고유의 처리 방식을 만들어 대금 청구와 정산을 시작부터 끝까지 처리할 수 있다.

소프트웨어 서비스 기반의 주요 장점은 지루한 과업을 자동화하고, 당신과 종업원들이 사업의 주된 일에 집중하게 함으로써 현금 흐름의 효율성을 높일 수 있다는 점이다.

협업, 실시간 메시지, 이메일

많은 사람들이 이메일은 아웃룩Outlook을, 실시간 메시지는 링크Lync를, 협업할 때는 링크와 셰어포인트SharePoint를 사용한다. 비전문가의 관점에서 이런 도구와 활동은 단체 의사소통 활동으로 분류될 수 있다. 대부분은 윈도 단말기에서 사용하도록 마이크로소프트가 제공한다는 점을 주목해야 한다. 마찬가지로 애플은 애플 단말기용의 비슷한 도구들을 제공한다. 물론 소규모 사업자들이 만든 또 다른 도구들이 있으나 사용자의 수가 많지는 않다. 클라우드 컴퓨팅은 기기 면에서 운영체제 중심으로부터 좀 더 분산된 모양으로 바뀌고 있다. 이것이 업계를 평준화시켰다. 실제로 구글처럼 이 분야에 새로 진입한 사업자는 클라우드를 통해 비슷한 도구를 무료로 제공한다. 더욱 주목해야 하는 것은 이 모든 도구들이 필연적으로 상품이고, 매일 사용하는 것이며, 사업이 규칙적으로 작동하는 데 필요한 사업의 기반 시설 도구들이라는 점이다.

대화 기술의 또 다른 파괴자가 있다. 흔히 사용자의 기기는 전산 부서에 의해 정해지지 않으며, 본인의 기기를 직장에 가져오게 Bring Your Own Device: BYOD 한다. 클라우드 컴퓨팅, 신 클라이언트 또는 제로 클라이언트, BYOD는 모두 전통적 형태의 단체 대화가 클라우드 또는 좀 더 분산된 컴퓨팅 모델로 조직적인 변화를 이루도록 한다. 점점 더 단말기보다는 클라우드 기반의 기기로 옮겨가는 추세이다. 그러나 이런 기기들을 선택할 때 데스크톱을 떠나 클라우드로 옮겨가야 하는 이유를 알고 있어야 하는데, 사업에 아주 중요하기 때문이다. 다음은 클라우드 모델을 사용하는 이유를 따져볼 때 지켜야 할 네 가지 핵심 원칙이다.

· 보안: 직원을 신뢰하라   보안을 강화하는 데 사용하는 기술을 특정해 직원을 규제하기보다는 그들이 정직하고 책임감을 갖도록 믿어주어야 한다. 물론 BYOD의 경우 본인의 기기에 암호화된 또는 샌드박스의 환경에 자료를 저장하도록 정할 수 있다. 그렇게 하면 개인적 기기를 오염시킬지 모르는 어떤 멀웨어도 사업에 영향을 미치지는 않을 것이다.

· 종속 또는 고착: 만약을 위해 대안을 가져라   가능하다면 서류들을 생산성 관련 기기 사업자가 아닌 제3자가 제공하는 기반 시설 서비스 저장 플랫폼에 저장하라. 서류를 다른 장소와 업자에게 백업해서 한 사업자에게 전적으로 의존하지 않도록 한다. 서류들을 RTF Rich Text Format 또는 ODF Open Document Format 같은 오픈 파일 Open File 형식으로 저장해 다른 응용 프로그램들의 접속이 가능하도록 하는 것이 가장 좋다.

· 원가: 소유권의 총원가를 고려하라   응용 프로그램의 사용권 비용만 고려하는 것은 충분치 않다. 응용 프로그램의 포

장, 유통, 유지·보수 등과 관련한 비용들 역시 고려해야 한다. 유지·보수는 응용 프로그램의 최신 버전과 서비스 묶음이 설치되도록 하는 것과 관련이 있다. 그러면 클라우드 기반의 해법이 가장 원가 효율적임을 분명히 알게 될 것이다.

· 초점: 당신의 사업 모델에 집중하라   당신의 사업이 정보 산업 분야에 있지 않거나, 일반관리비가 큰 전산 부서가 필요 없다면 본인의 사업 핵심 가치와 추진력에 집중하는 수단으로 소프트웨어 서비스를 사용하는 것이 좋다.

클라우드 기반의 소프트웨어 서비스 제안을 사용할 때 장점은 명백한데, 소유권 비용이 낮으며, 전산 기반 시설이나 사업 기반 시설과 관련된 일로 방해받지 않고, 핵심 사업 제안에 집중하는 자유를 얻는다. 한 걸음 더 나아가 당신 사업의 도메인을 사용하는 이메일의 메일 서버를 두는 대신 상업적 메일 (구글 메일, 야후 메일 등)을 사용할 수 있다. 예컨대 회사 이메일 주소가 '〈직원 성명〉.〈회사명〉@〈야후, 지메일 등〉.com' 이 된다. 만일 당신이 사업 도메인을 원한다면 회사 도메인이 메일을 상업적 메일을 통해 보내도록 지정할 수도 있다(사람들은 회사의 도메인 이름을 쓴 '당신 회사.com'으로 이메일을 보내고 구글이나 야후에서 이 이메일을 회수한다). 이렇게 하면 클라우드 컴퓨팅 및 BYOD의 진정한 정신을 살리게 된다.

사무실 생산성

데스크톱에서 클라우드로 중심이 이동하면서 사무실 생산성 도구에 대해서도 단체 의사소통과 같은 고려가 있어야 한다. 사무실 생산성이란 워드 프로세스, 프레젠테이션, 스프레드시트 소프트웨어를 뜻한다. 이런 응용 프로그램들은 마이크로소프트, 구글 같은 여러 회사의 클라우드에 설치되어서 소프트웨어 서비스로 쓸 수 있게 되어 있다. 마이크로소프트는 클라우드에서 사용하도록 오피스 365를 제공하며, 구글은 구글 닥스, 시트, 슬라이드를 제공해 온라인 문서를 만들고 다른 사람들과 함께 실시간으로 일하도록 하며 클라우드에 온라인으로 저장하게 한다. 대부분의 컴퓨팅 능력이 클라우드에서 소비되므로 온라인 문서를 만드는 데 성능이 떨어지는 단말기로도 가능하다. 따라서 소프트웨어 서비스와는 신 클라이언트, 제로 클라이언트가 본질적으로 관련이 있다. 크롬북(신 클라이언트 노트북), 크롬 박스(신 클라이언트 데스크톱)는 그러한 기기들의 예이다. HP 410t 같은 제로 클라이언트는 거기에 더해 응용 프로그램 가상화를 사용할 수 있도록 함으로써 사적 클라우드에 있는 완비된 단말기 응용 프로그램에 접속하게 만들고, 공개 클라우드로 제3자가 지닌 사무실 생산성 응용 프로그램에도 접속이 가능하게 한다.

이미지 렌더링

앞 장에서 이미지 렌더링을 기반 시설 서비스의 사용 사례로 다룬 것을 기억해보자. 기반 시설 서비스 플랫폼 위에 이미지 렌더링 소프트웨어를 설치해두고 클라우드 서비스로 사용할 수 있게 해놓으면 이 소프트웨어의 사용자들이 클라우드에서 사용하게 되므로 실제적으로 소프트웨어 서비스가 된다. 이것이 기반 시설 서비스 위에 다중 임차 환경으로 다른 사람들이 쓸 수 있는 소프트웨어를 장착함으로써 소프트웨어 서비스를 만들어내는 예이다. 각 단계에 더 많은 가치를 추가함으로써 기반 시설 서비스에서 플랫폼 서비스로, 소프트웨어 서비스로, 정보 서비스로, 사업 과정 서비스로 추출 수준 스택이 올라갈 수 있는데, 이것을 추출 가치 사다리 Abstraction Value Ladder 라고 한다.

SWOT 분석

〈그림 25〉는 사용자 관점에서 소프트웨어 서비스 클라우드 컴퓨팅 추출 수준에 대한 SWOT 분석을 보여준다.

그림 25 **소프트웨어 서비스에 대한 SWOT 분석**

강점	약점
· 유틸리티 응용 프로그램을 위해 미리 기반 시설에 투자할 필요가 없음 · 소프트웨어 서비스에 있는 유틸리티 응용 프로그램에 대한 사용 허가, 패키징, 유지·보수를 위한 비용을 미리 내지 않음 · 지루한 과제를 자동화함으로써 현금 흐름 효율화를 증진시키는 능력 · 전산이 아닌 핵심 사업 가치와 추진력에 집중	· 소프트웨어 서비스 제공자의 양식에 대한 의존성 · 공개된 양식으로 자료를 취급하고 백업용 다른 사업자를 활용하면 해결될 수 있음 · 소프트웨어 서비스 제공자 간의 다른 응용 프로그램, 대금 청구 주기 또는 서비스 수준 차이로 생기는 상호 작동성 문제

기회	위협
· 소프트웨어 서비스와 연계해 BYOD 사용 · 공개된 소프트웨어 서비스 응용 프로그램과 사적 클라우드의 단말기용 응용 프로그램을 신 클라이언트나 제로 클라이언트에서 사용 · 자동화를 통해 생산성 및 효율화를 향상시키는 추출 가치 사다리를 올라가는 능력	· 소프트웨어 서비스 사업자 및 자료에 접속할 수 있는 종업원의 개입으로 보안상 문제가 생길 수 있는데, 이런 문제는 소프트웨어 서비스를 이용할 때 개인적 자료는 클라우드에 저장하지 않도록 함으로써 완화될 수 있음

표 6 **소프트웨어 서비스의 핵심 요점**

범위	사적·공동체·공개·혼합형 클라우드
일반적인 사용	사람들과 사업자들이 일상적으로 사용하는 일반 상품화된 응용 프로그램
예	· 이메일 서비스 · 사무실 생산성 모음(구글 닥스 또는 마이크로소프트 365) · 고객 관계 관리(영업팀) · 이미지 렌더링(미디어를 위한 HP의 클라우드 솔루션) · 콘텐츠 관리 [박스, 스프링CM(SpringCM), 마이크로소프트)]
질문	기반 시설 서비스 및 플랫폼 서비스와 비슷한 질문이다. · 계약상 적용되는 최단 기간이 있는가? · 자본비용 요소가 있는가? · 서비스 수준 계약에 미달하는 경우 벌금이 있는가? · 서비스 수준 계약이 투명한가? 어떤 지표들이 관측·보고되는가? · 보고서가 얼마나 자주 갱신되는가? · 사업 연속성 또는 재난 구제 수단이 있는가? · 전체 거래 시간은? 피크 사용 시에는 질이 떨어지는가?
일반적인 가격 모델	보통은 사용자, 메일 박스의 숫자 또는 이메일이 쓰는 저장 용량 같은 수량 지표를 근거로 하는 일반관리비를 이용한다.

8

모범 사용 사례 3:
정보 서비스

지식 관리의 전산 영역에서는 자료, 정보, 지식에 대해 중요한 구분이 행해진다. 자료는 특정 상황 또는 필요에 대해 설명하지 못하는 반면, 정보는 맥락이 있는 자료이고, 지식은 전문성과 사용상 경험을 담은 정보이다. 예를 들면 전 세계 모든 항공기에 대한 자료를 가지고 있어도 휴가 일정에 적용할 수 있는 자료만 관련이 있는데, 이것이 정보이다. 이 예에서 지식은 당신의 목적지에 최소한의 불편함(짐 분실, 환승, 항공기 연착 등)으로 갈 수 있는 항공기 정보이다.

거기에는 당신이 알아야 할 함정이 있다. 자료(또는 자료 저장소)가 서비스로서 당신에게 전달되는 것은 기반 시설을 사용하는 것이므로 이는 정보 서비스가 아니라 플랫폼 서비스이다. 자료의 저장 또는 전달은 많은 형태가 있는데, 드롭박스, 구글 드라이브, 애플의 아이 클라우드 등은 자료 저장소의 예이다. 항공기, 기차, 버스 시간표만으로는 정보 서비스를 만드는 보완적 서비스(즉, GPS를 이용해 당신의 위치 정보를 얻고 적당한 버스 또는 기차 시간을 실시간으로 제공하는 서비스)가 없으면 그냥 자료일 뿐이다. 플랫폼 서비스와 정보 서비스를 구별하는 한 가지 방법은, 가공되지 않은 자료는 플랫폼 서비스이고, 자료에 그것을 변형시키는 어떤 형태의 소프트웨어나 응용 프로그램이 있으면 자료는 정보가 되며, 그것을 전달하는 일이 정보 서비스라는 것이다. 사업 과정이 정보에 전문성을 증대시키는 역할을 하면 그 지식 전달은 사업 과정 서비스가 된다. 그러므로 자료가 소프트웨어에 의해 확장되면 정보가 되고, 정보가 가공 처리되어 확장되면 지식이 된다.

자료(또는 저장소)가 클라우드 서비스로 전달되면 플랫폼 서비스, 정보가 서비스로 전달되면 정보 서비스, 지식이 전달되면 사업 과정 서비스이다.

이 장에서는 정보 서비스의 사용 사례를 논한다. 또한 정보 서비스에 대한 SWOT 분석을 통해 그 장단점을 살펴본다. 이렇게 하면 특정 정보 서비스가 적당한지 여부를 평가하는 데 충분한 근거가 생긴다.

정보 서비스의 사용 사례

다음의 특징들이 정보 서비스를 설명한다.

- 기반 시설 서비스, 플랫폼 서비스, 소프트웨어 서비스 같은 클라우드 서비스를 통합하며 그것들로 구성된다.
- 조직 안의 다른 응용 프로그램 또는 소프트웨어와 통합하고 소통할 수 있도록 잘 정리된 접속 장치들이 있다.
- 새롭거나 변화하는 사업 수요 및 추진력에 부응하기 위해

그림 26　정보 서비스의 사용 사례

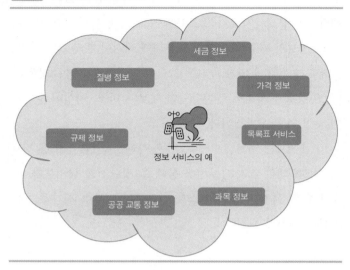

환경 설정을 다시 할 수 있을 만큼 유연하다.

· 사적, 공개, 혼합형, 공동체 등 어떤 배치 모델에서도 활용이 가능하다.

· 다른 클라우드 서비스와 마찬가지로 탄력성을 통해 확장성을 제공한다. 그래서 사용자 수의 변화를 떠받칠 수 있다.

· 가능하면 자동화를 한다. 자료를 결합하고 소프트웨어에 있는 로직으로 증식시켜 의미 있는 정보를 만든다.

· 소비 또는 사용 기준 가격제를 이용한다.

정보 서비스의 장점은 (1) 당신에게 의미 있는 자료, (2) 최신 정보로 향상된 생산성, (3) 모든 사업 단위와 위치에 걸친 표준화, (4) 현재성과 즉시성에 기초한 향상된 민첩성, (5) 가격제에 기반을 둔 비용 또는 현금 흐름의 효율성 등을 들 수 있다.

〈그림 26〉은 정보 서비스의 주요 사용 사례를 보여준다. 다음에서는 규정, 세금, 가격, 건강, 교과목 등과 관련된 정보 서비스에 대해 논한다.

규정 정보

몇 가지 규정 틀이 있다. 몇 개는 조직을 설립하는 국가에 특정된 것이고, 몇 개는 산업에 특정한 것이며, 자금 세탁 관련과 같은 것들은 전 세계에 보편적이다. 특정 조직에 적용되는 규정과 관계있는 정보들은 정보 클라우드 서비스로 전달될 수 있다. 다국적 기업에게 이 서비스는 사업이 진행 중인 다양한 국가들과 관련된 정보를 수집하는 데 아주 유용하다.

세금 정보

매년(또는 더 자주) 대부분의 나라에서 세법과 규정이 바뀐다. 당신의 상황과 관련 있는 정보를 필요할 때마다 필요한 곳에서 사용 가능하다면 이것이 정보 서비스의 사용 사례이다.

사람이나 사업체가 세금 환급 보고를 할 때에는 그런 서비스에 대한 수요가 아주 많아서 1년에 몇 주는 수요가 절정에 이른다. 그러므로 클라우드 컴퓨팅의 탄력성은 세금 정보 제공자의 정보 서비스 이용을 가치 있게 만든다.

가격 정보

어떤 제품의 가격을 아는 것은 제품 관련 가격 자료를 가진 것이고, 당신이 사고 싶은 제품의 가격을 아는 것은 정보를 지닌 것에 가깝다. 예를 들어 당신이 길을 거닐 때 날씨가 흐려진다고 하자. 이때 어떤 응용 프로그램이 그 장소에서 가까운 가게가 우산과 비옷을 쌓아놓고 있다는 사실과 함께 그 가격 정보를 알려준다면 어떨까? 이는 당신 상황에 적합한 의미 있는 자료이므로 서비스로서 가격 정보를 받는 것이다.

질병과 건강 관련 정보

다수의 웨어러블Wearable 기기가 출현하면서 건강 모니터링이 점점 더 현실이 되고 있다. 이 건강 모니터링 자료를 이용해 어떤 한계치에 도달할 경우 당신(또는 의사나 가족 등 당신이 지정하는 사람)에게 경고음을 울려준다면 분명한 발전이다. 그 자료에 예고 기능을 결합하면 확인된 추세를 근거로 어떤 상황이 발생할 경우의 수를 알려주는 의미 있는 정보가 된다. 더욱이 순간적으로 당신 건강의 예견된 추세와 관련 있는 정보를 얻을 수 있도록 의료 웹사이트가 보인다면 어떨까? 이렇게 되면 훨씬 더 활동 지향적이 되도록 하고, 종합적으로는 시민들의 복지를 증가시킨다.

교과목 정보

학교에서 택하는 다양한 과목들에는 강의, 시험, 실험, 과제물 등과 관련된 일정표가 있다. 학교의 특정 학습 과목과 당신에게만 관련된 정보를 손에 쥐는 것은 개인 비서를 두는 것과 비슷하다. 이는 학교와 과목에 관계없이 모든 학생들에게 적용이 가능하다. 이 같은 서비스 또한 정보 서비스의 사용 사례이다.

SWOT 분석

다음 쪽에 있는 〈그림 27〉은 클라우드 사용자의 관점에서 정보 클라우드 컴퓨팅 추출 수준에 대한 SWOT 분석을 보여준다.

그림 27 정보 서비스에 대한 SWOT 분석

강점	약점
· 당신의 응용 프로그램 또는 프로젝트와 관련된 최신 정보의 즉각적 사용 가능성 · 당신의 응용 프로그램 또는 프로젝트와 관계없는 정보는 걸러냄 · 필요한 정보에 대해서만 지불	· 공개된 정보 서비스로부터 나온 모든 정보가 당신과 관련이 있는 것은 아님 · 다른 사업자로부터 비슷한 정보를 받을 가능성이 적어서 한 사업자에게 묶일 수 있음 · 시간을 두고 변할 수 있으므로 당신과 클라우드 사업자 간에 법 그리고 법 준수 문제를 정기적으로 조정할 필요가 있음
기회	위협
· 당신과 관련 있는 정보 묶음을 만들기 위해 여러 제공자들의 정보를 뭉칠 수 있음 · 고유의 사업 과정 서비스를 만들기 위해 다른 사업자가 제공하는 정보 서비스와 소프트웨어 서비스를 합치는 기회 · 조직 내, 또는 많은 응용 프로그램에 걸쳐 같은 정보를 복수로 활용	· 사업 운영에 중요한 정보를 제공하는 제3자에 대한 의존성 · 위반할 경우 심각한 결과를 초래하므로 정보와 사생활 보호를 고려해야 함

표 7	정보 서비스의 핵심 요점

범위	사적·공동체·공개·혼합형 클라우드
일반적인 사용	상황과 장소를 인지하도록 하기 위한 분석·개선된 정보 서비스
예	· 가격 정보(여러 거래소의 주식 및 상품 가격) · 주요 지표에 나타난 주식 정보(이익 대비 가격 비율, 수익 등) · 서비스 목록, 서비스 수준 계약서, 비용 준비 · 환자 관찰을 통한 건강 정보 또는 조직 성과에 대한 종합 건전성 지표 · 실시간 항공기, 기차, 버스 정보 · 세금 규정, 세금 수준, 세율에 대한 정보

질문	· 정보가 얼마나 현재에 맞는가?
	· 정보가 얼마나 정확한가?
	· 정보가 관련이 있는가(당신의 필요, 상황, 장소에 적합한가)?
	· 정보에 관한 프라이버시 보호 또는 자료 보호법이 있는가?
	· 정보와 관련된 산업적·국가적·국제적 규제가 있는가?
	· 정보는 백업될 필요가 있는가? 그렇다면 어떻게(어떤 백업 기술로), 어떤 서비스로 가능한가?
	· 정보는 보관될 필요가 있는가? 그렇다면 얼마나 오랫동안 가능한가?
	· 보관 기간이 끝나면 어떻게 없앨 것인가?
	· 정보를 보호하기 위해 어떤 보안 조치가 취해지는가?
	  (1) 정보를 받을 때 손상될 수 있는가?
	  (2) 안전하도록 어떤 조치를 취할 필요가 있는가?
	  (3) 누구에게 정보 사용이 허용되었나?
	  (4) 암호화가 필요한가?
	· 정보의 연관성, 현재성, 정확성을 평가하는 데 어떤 지표들이 적용되는가?

일반적인 가격 모델	보통은 사용된 정보에 근거한 일반관리비로 년, 분기, 월별 계약이 적용된다.

9

모범 사용 사례 4:
사업 과정 서비스

사업 과정 서비스는 작업 흐름도, 클라우드 컴퓨팅 기술, 가격 모델을 자동·반자동 형식으로 사용하면서 수직적 또는 수평적 사업 처리 과정을 제공한다. 클라우드 컴퓨팅의 최고 단계 추출 수준이므로 다른 추출 수준(IaaS, PaaS, SaaS, INaaS) 위에, 또는 그것들을 이용해 서비스를 제공한다. 수직적 처리 과정은 사업 모델의 일부이고, 수평적 처리 과정은 부수적 서비스로서 수직적 처리 과정을 지원한다.

〈그림 28〉은 다섯 가지 산업 분야의 상층부에서 이루어지는 수평적·수직적 처리 과정의 예를 보여준다. 수직적이든 수평적이든 각 처리 과정의 저변에 깔려 있는 것은 작업 흐름도이다. 카페의 예를 통해 개념을 살펴보자. 당신이 카페에 들어가 라테를 주문하고 지불한 뒤 커피가 나오는 동안 앉을 곳을 찾아 테이블에서 서비스를 받는다고 가정하자. 이것이 작업 흐름도이다. 하지만 이는 더 자세한 흐름도로 쪼개질 수 있다. 예를 들면 커피를 만들 때 직원은 커피콩을 고르며, 그것을 기계에 넣고, 파이프를 닦으며, 알맞은 온도로 물을 끓이고, 우유를 넣으며, 커피를 컵에 옮겨 담는다. 커피 기계가 커피 만드는 것을 제외하면 작업 흐름도의 대부분 과정은 수작업이다(물론 로봇 또는 다른 기술을 이용해 자동화될 수도 있다). 여하튼 카페는 당신의 요구에 맞춰 커피를 제공하기 위해 여러 단계의 사업 과정을 채용했다. 이 과정의 일부를 다른 사람

그림 28 수직적·수평적 사업 과정

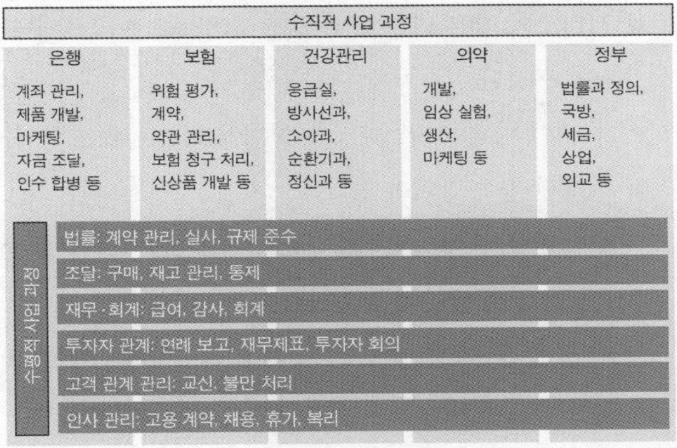

수직적 사업 과정				
은행	보험	건강관리	의약	정부
계좌 관리, 제품 개발, 마케팅, 자금 조달, 인수 합병 등	위험 평가, 계약, 약관 관리, 보험 청구 처리, 신상품 개발 등	응급실, 방사선과, 소아과, 순환기과, 정신과 등	개발, 임상 실험, 생산, 마케팅 등	법률과 정의, 국방, 세금, 상업, 외교 등

수평적 사업 과정

- 법률: 계약 관리, 실사, 규제 준수
- 조달: 구매, 재고 관리, 통제
- 재무·회계: 급여, 감사, 회계
- 투자자 관계: 연례 보고, 재무제표, 투자자 회의
- 고객 관계 관리: 교신, 불만 처리
- 인사 관리: 고용 계약, 채용, 휴가, 복리

에게 외주를 줄 수도 있다. 예를 들어 커피를 만드는 직원이 그것을 테이블로 가져가는 종업원에게 서빙 '외주'를 준다. 커피콩을 주문하고 재고를 관리하는 일 역시 다른 사람에게 '외주'를 준다. 마찬가지로, 모든 사업 과정 또는 부분 사업 과정을 클라우드에 외주를 주는 경우가 많다. 이 장에서는 주로 대부분의 사업에 공통되는 수평적 사업 처리 과정을 다룬다.

사업 과정 서비스의 사용 사례

다음의 특징들이 사업 과정 서비스를 설명한다.

- 기반 시설 서비스, 플랫폼 서비스, 소프트웨어 서비스, 정보 서비스와 같은 다른 클라우드 서비스를 통합하거나 그것들로 구성된다.
- 조직 내의 다른 사업 과정과 통합하고 소통하도록 하는 잘 정리된 접속 장치가 있다.
- 사업의 필요와 추진력에서 새로운 것 또는 변화에 맞춰 재구성될 만큼 충분히 유연하다.
- 사적, 공개, 혼합형, 공동체 클라우드 등 모든 배치 모델에 적용될 수 있다.
- 다른 클라우드 서비스와 마찬가지로 탄력성을 통해 확장성을 제공한다. 그러므로 사업 처리 과정에서 사용자 수의 변화를 받쳐준다.
- 가능한 곳마다 자동화를 한다. 그러나 서비스는 자동 또는 수동의 작업 흐름으로 구성된다.
- 소비 또는 유틸리티 기준 가격제를 사용한다.

사업 과정 서비스 제안의 장점은 다음과 같다. (1) 핵심 성과 지표가 달성되도록 하는 일관성과 반복성, (2) 작업 흐름의 자동화를 통한 생산성 증가, (3) 사업 단위들에 걸친 표준화, (4) 최적화를 통한 향상된 민첩성, (5) 가격 제도에 기인한 비용 또는 현금 흐름 효율성.

그림 29　사업 과정 서비스의 사용 사례

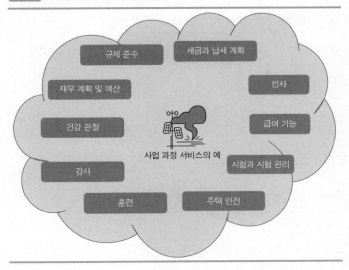

사업 과정 서비스의 예

규제 준수

세금과 납세 계획

재무 계획 및 예산

인사

건강 관찰

급여 기능

감사

시험과 시험 관리

훈련

주택 안전

〈그림 29〉는 사업 과정 서비스의 주요 사용 사례를 보여준다. 몇 가지를 생각해보자. 특히 (1) 소프트웨어 서비스나 정보 서비스 위에 어떻게 사업 과정 서비스를 만드는지 보여주기 위해 세금과 예정 과세 만들기, (2) 수평적 사업 처리 과정의 예로서 급여 기능, (3) 교육에서 변화하는 모습을 평가하기 위한 교육 훈련, (4) 기술에서뿐 아니라 사업에서도 다른 사업 과정을 채택해 어떻게 혁신하는지를 보여주기 위한 실험 서비스, (5) 가능성 있는 기술, 특히 개인 클라우드를 활용하는 기술을 보이기 위해 건강 모니터링을 논한다. 아직 초보 단계이

긴 하지만 사업 과정 서비스는 클라우드 컴퓨팅의 혁신 측면에서, 특히 개인 클라우드와 사물 클라우드, 그리고 이 두 가지가 결합된 혼합형 클라우드 영역에서 기본적인 것이다. 클라우드 컴퓨팅의 미래 전망을 다루는 11장에서 이 주제를 좀 더 자세히 논의한다.

세금과 예정 과세

앞 장에서 논의한 정보 서비스의 세금 정보 사용 사례를 돌이켜보자. 세금 환급과 예정 과세 신고에는 가장 최근의 세금 정보가 필요하다. 그러므로 납세 관련 계획이 있는 모든 사업은 정보 서비스에서 정보를 받아야 한다. 더욱이 가장 최신의 정보를 가지고 항상 일할 수 있도록 정보 서비스로부터 정보 회수를 자동화할 필요가 있다. 사업 과정 서비스 기반의 예정 과세 시스템은 응용 프로그램을 사용해 개인 자료 입력, 시나리오 기반 예측, 세금 계산, 보고 등 처리 과정의 일환인 다양한 활동들을 실행한다. 이러한 응용 프로그램은 단품일 수도 있고, 클라우드에 담겼을 수도 있는데, 이 경우는 소프트웨어 서비스가 된다. 그런 소프트웨어 서비스 제안은 근처에서 클라우드 서비스를 제공하는 제3자로부터 받을 수 있다. 그러면 사업 과정은 사업 기능이나 목적을 달성하기 위한 작업 흐름과 잘 조화를 이루는 다양한 응용 프로그램과 정보의 혼합물이 된다. 물론 작업 흐름 안에서 인간(수작업)의 작용이 있을 수 있는데, 특히 미래의 세금 지불액을 예측하는 다양한 시나리오의 적합성을 평가하는 일 같은 것이다. 클라우드 서비스로서 그런 사업 과정 서비스 제안을 생각해볼 수 있는데, 사업 과정 서비스는 2장에서 논의한 캡슐화 원칙을 활용한다.

요컨대 세금 및 예정 과세의 사용 사례에서 우리가 확인한 공통 패턴은 (1) 사업 과정 서비스 종합 제안을 만들기 위한 캡슐화, (2) 정보 서비스와 소프트웨어 서비스를 사업 과정 서비스를 만들기 위한 조립 벽돌처럼 사용하는 것이다. 이런 틀들은 상호 배타적이지 않다.

급여 기능

급여 기능은 직원에 대한 급여 지급, 계산서 처리와 발송, 직원의 급여에서 공제된 세금을 정부에 내는 것을 포함한다. 직원을 고용한 대부분의 사업들은 사업의 종류에 관계없이 이런 과정을 필요로 한다. 그러므로 이 과정은 이전에 논의한 세금 및 예정 과세와 비슷한 수평적 업무 과정이다.

급여 업무 과정을 실행하는 것 외에 다른 업무 과정과도 접속할 필요가 있다. 가령 직원이 유급 휴가를 떠난 경우, 인사부의 정보가 급여 업무에 반영되어 급여가 적절히 조정되어야 한다. 또한 직원이 시간외근무에 대해 지급받아야 한다면 생산 부서와 접속되어 이런 기록들이 정확하게 기록되도록 해야 한다. 마찬가지로 직원이 퇴사하면 인사부의 퇴사자 업무 과정을 통해 급여 업무에서 퇴사자의 마지막 근무일이 인지되도록 해야 한다. 이 모든 것이 대부분의 업무 과정은 혼자 움직이는 것이 아니라 사업 내 다른 업무와 상호 작용해야 한다는 점을 잘 보여준다. 이런 업무 처리를 사업 과정 서비스에 맡길 때는 다른 업무와 상호 작용하는 데 요구되는 다양한 인터페이스를 만들어야 한다. 이런 인터페이스들은 공유해야 하는 자료들, 그리고 자료 공유를 촉발하는 사건들로 설정될 수 있다. 따라서 두 종류의 인터페이스, 즉 통제와 정보가 필요하다.

급여 기능 같은 수평적 업무 처리에서 사업 과정 서비스 사용의 이점은 (1) 규모의 효율성에서 비롯된 원가 효율성(특히 중소 규모의 사업에서), (2) 처리된 기록의 수에 근거한 사용 기준 가격제, (3) 핵심 성과 지표를 위한 표준화된 서비스 전달이다. 그러나 클라우드 기반의 사업 과정 서비스는 소프트웨어 서비스의 부분품과 매뉴얼 등이 있음에도 아주 드문 편이다.

교육 훈련

사업 과정 서비스는 BPMBusiness Process Management(사업 업무 관리)으로 규정된 업무 처리 과정을 캡슐화했기 때문에 본래 BPM과 연결되어 있다. BPM은 업무를 설계·실행·분석·최적

그림 30   BPM 기법과 기술의 진화

TQC	저스트인 타임	린 방식	6 시그마	사업 과정 구조물	사업 과정 서비스와 클라우드 컴퓨팅
1975	1980	1985	1990	2000	2010

화·통제하는 데 사용되는 수단·도구·기술의 조합이다. 〈그림 30〉에서 보여주듯이 오랜 시간 진화하고 성장해 여러 기법·기술이 생겼다. 업무 과정의 향상에 끼친 주된 영향은 제조 조직이 좀 더 과정 중심적이 되면서 시작되었다. 이런 움직임은 저스트 인 타임 Just-In-Time, 6 시그마 6 Sigma 같은 기법을 만들어 냈고, 이것들은 업무 및 사업을 더욱 효율적으로 만드는 데 도움이 되었다. 과정 중심이 아니었던 교육 훈련은 그런 움직임에서 크게 벗어나 있어 어떤 BPM 기법도 받아들이지 않았다. BPM의 진화는 제품 중심에서 과정 중심으로의 궤적을 따랐고, 그다음 단계는 고객 중심적이 되는 것이다. 다른 말로 하면 고객이 원하는 것을, 원하는 시간에 가장 최적화되고 효율적인 방법을 사용해 최저가로, 효율적이고 확장 가능한 방법을 통해 배달하는 것이다. 고객 중심적 패러다임의 사업 과정 서비스를 사용하는 교육 훈련은 BPM 지식 체계가 만드는 최적화와 효율성을 캡슐화한다. 이것은 교육 훈련과 관련된 변

화에 커다란 힘이 된다.

전통적으로 교육 훈련은 확장성도 없었다. 예를 들어 정규 교육 훈련을 받으려는 모든 사람은 교육받는 사람들이 모여 함께 배우는 재래식 대학을 가야 했다. 이는 수용 능력이 한정된 교육 장소에 실제로 참가하는 소수에게만 제한적으로 교육 훈련이 이루어졌다는 뜻이다. 유사 과정이 있었음에도 교육 및 훈련에서 확장성은 없었다. 하지만 코세라Coursera, 이디엑스edX 같은 다양한 훈련 사이트는 온라인 교육 훈련 과정의 전달 주체로서 제일 선두에 있다. 유튜브와 같은 영상 공유 사이트 역시 비공식 교육을 전파하는 역할을 한다. 이들은 모두 확장성이 있으며, 주목할 수밖에 없는 전달 수단이다. 어느 것도 사업 과정 서비스를 사용하지 않으나 그런 방향으로 가고 있다. 발전의 다음 단계는 사업 과정 서비스를 활용해 교육 훈련을 쉽게 제안하는 것이다. 이런 것들은 등록부터 수료증 취득까지 훈련과 시험이 통합된 방식으로 이루어질 때 최신의 신원 확인과 인증 기술을 조합해 행해진다.

검사 그리고 시험 서비스

교육 훈련이 가능하듯이 시험도 가능하다. 이 둘은 근본적으로 연결되어 있다. 적격자가 시험을 치는지, 또 응시하도록 허가되었는지 확인하는 기술은 있다. 시험이 모든 사람에게 공정하도록 시험 문제들은 커다란 문제 은행에서 무작위로 선택될 수도 있다. 실제로 이런 원리들을 활용하는 시험 센터들이 생겨났다. 그런데 왜 자기 집에서 시험을 보지 못하는가? 과목이 끝난 후가 아니라 학습 경험의 일부로서 시험을 치면 어떨까? 웹 캠이나 음성 생체 인식을 통한 자동 신원 확인을 이용하면, 교육 훈련과 본질적으로 통합된 사업 과정 서비스 기반의 시험을 제공하는 기술이 분명히 존재한다. 하지만 교육 산업이 업무 처리 과정을 시대에 맞춰 변화시킬 필요가 있다. 이는 사업 혁신보다 기술 혁신이 훨씬 앞선 경우이다. 그리고 기술 혁신의 혜택을 거둬들이기 위해 사업 혁신이 필요하다.

일반적으로 추세가 어떤지 눈치챘을 것이다. 수평적 업무 처리 과정은 수직적 과정과 비교해 훨씬 더 많이 사업 과정 서비스로 제안된다. 그 이유는 분명한데, 수직적 업무 처리는 사업 그 자체이고, 사업 모델과 얽혀 있어 사업의 이해 당사자들이 집착하는 이해관계가 변화에 저항하는 분위기를 만든다.

건강 모니터링

건강관리에서 환자 또는 개인이 스스로의 건강에 책임을 지도록 하는 움직임이 있다. 물론 이것은 모든 환자뿐 아니라 임상 관련자들의 (교육을 통한) 태도 변화에 달려 있다. 기술은 이런 변화를 실제로 일으키는 데 역할을 하고 있다. 다음의 시나리오를 생각해보자. 모든 사람이 각자의 개인 클라우드, 즉 실제로 사적 클라우드를 가지고 건강 정보를 저장·평가해서 건강이 악화되면 자동으로 경고음이 울리도록 하고, 의사에게 이메일이나 실시간 메시지로 필수 정보를 보낼 수 있다. 이런 사례는 집에서 침대에 누워 있거나 움직일 수 없는 환자를 관찰하는 임상의에게도 도움이 된다. 이러한 개인 클라우드는 심박 수, 체중, 혈당 수준, 체온 같은 다양한 변수를 관찰할 수 있는 착용 가능한 여러 접속 기기들로 확장될 수 있다. 이는 관찰, 자료 수집, 분석, 경고음까지 자동화해 마치 전담 간호사를 옆에 두는 것과 같다.

한편 개인들의 익명화된 자료들을 수집하고 종합하도록 허용하면 인간에게 영향을 미치는 다양한 질병 또는 상태의 일반적 양상을 나이, 성별, 지리적 위치 같은 요인을 근거로 그려볼 수 있다. 이것은 행정가들이나 임상의들에게 인구통계학적으로 유용한 정보, 그리고 질병과의 관계를 객관적인 방식으로 제공한다. 또한 예측 분석을 통해 지역과 마을에 걸친 다양한 질병의 확산을 평가함으로써 건강관리의 전문성이 목표에 좀 더 집중될 수 있다. 이렇게 하면 건강관리의 실행이 좀 더 효율화되고 BPM의 정신에 부합하게 된다.

사업 과정 서비스의 건강 모니터링 사용 사례의 주요 요소는 몇몇은 클라우드 안에, 또 몇몇은 밖에 있으면서 상호 작용을 통해 업무 처리 과정의 일환으로 자동화된 업무 흐름을 만드는, 다양한 처리 과정과 기술의 복합이다. 이것이 사물 클라우드처럼 인간 클라우드를 만든다.

SWOT 분석

〈그림 31〉은 클라우드 사용자 관점에서 사업 과정 서비스 클라우드 컴퓨팅 추출 수준에 대한 SWOT 분석을 보여준다.

그림 31   **사업 과정 서비스에 대한 SWOT 분석**

강점	약점
· 변화하는 수요에 맞춰 서비스가 재구성될 수 있는 유연성 · 사적, 공개, 혼합, 공동체 등 모든 배치 모델에 활용 가능 · 변화하는 사용자 수와 부하 요인을 뒷받침하는 확장성 제공 · 효율적이고 최적화된 사업 과정을 제공하기 위해 가능한 곳에서는 자동화 사용 · 소비 또는 유틸리티 가격 모델 사용	· 다른 사업 과정과의 인터페이스를 확인·실행할 필요
기회	위험
· 클라우드의 클라우드: 사업 과정 서비스를 만드는 작업 흐름표로 지휘되는 서비스의 혼합을 만들기 위해 조합 원리 사용 · 개인 클라우드: 개인화된 서비스를 만들기 위해 사적 클라우드를 혁신적으로 활용	· 자동화와 최적화는 일손을 줄이고 작업 관행을 바꿀 수도 있으므로 이해 당사자의 동의 필요

표 8 　사업 과정 서비스의 핵심 요점

범위	사적·공동체·공개·혼합형 클라우드
일반적인 사용	사업 과정 또는 기능의 대체
예	· 인사 업무 서비스 · 시험/평가 서비스 · 교육 훈련 서비스 · 건강 모니터링 · 건강 사전 점검 · 급여 기능 · 규제 준수 · 세금 계산 · 감사 · 티케팅과 대금 청구 등
질문	· 제공되는 사업 과정 및 기능에 맞춰진 합의된 목록이 있는가? · 회사 안의 어떤 절차들이 사업 과정 클라우드 서비스와 연동하는가? 이것들은 통합되거나 자료를 공유할 필요가 있는가? · 그 접속 관계는 잘 정의되어 있는가? · 서비스 수준 계약에 미달할 경우 사업 과정 서비스 제공자에게 벌금이 있는가? · 전체 서비스 거래 시간은 얼마나 되는가? 어떻게 측정·보고되어 서비스 수준 계약에 포함되는가?
일반적인 가격 모델	보통은 수량 지표에 의한 일반관리비이지만 고정 일반관리비가 되기도 한다.

10

클라우드로의 이행

클라우드 컴퓨팅을 쓰기로 결정했다고 가정하자. 그러면 그다음은? 어떻게 클라우드 서비스를 사용하는가? 이 서비스는 여러 사업자의 다른 클라우드 서비스들과 어떻게 어울려 움직이는가? 이 장에서 클라우드 서비스를 이용하는 이러한 주요 사항들을 살펴보자. 또한 알맞은 클라우드 서비스뿐 아니라 제대로 된 클라우드 서비스 제공자를 고르기 위해 서비스 수준 계약Service Level Agreement: SLA으로 클라우드 서비스 제공자를 평가할 필요가 있다. 서비스 수준 계약서와 인터넷에 관한 지표들, 또는 클라우드 컴퓨팅에 대한 수많은 책들을 들여다보면 흔히 서비스 수준 계약 지표들에 관한 논의를 보게 된다. 예를 들어 통신망 용량(대역폭, 지연, 처리량), 저장 기기 용량, 서버 용량(중앙 처리 장치의 번호, 중앙 처리 장치 클록 주파수Clock Frequency, 램), 사안 시동 시간(가상 기계에서 새로운 사안을 시작하는 데 필요한 시간), 수평적 저장 확장성(증가된 업무 부하에 대응하기 위해 허용된 저장 용량 변화량), 수평적 서버 확장성(증가된 업무 부하에 대응하기 위한 서버 용량의 변화로, 클라우드 자원 풀에서 가상 서버의 숫자로 표시된다) 등과 같은 것이 수백 개에 이를 것이다. 당신의 클라우드를 만들고 운영하려면 이런 서비스 수준 계약이 제대로 되어야 한다. 그런데 왜 클라우드 서비스의 고객이자 사용자가 그런 것을 걱정해야 할까? 결국 클라우드 컴퓨팅은 추출 수준을 통해 기술적 골칫거리를 줄이려는 것이지 늘리려는 것이 아니다. 그래서 우리는 클라우드 컴퓨팅을 다루는 대부분의 책들이 오갔던 길로는 가지 않으려고 한다. 그 대신 서비스 수준 계약과 더불어 클라우드 서비스 사용자인 당신에게 적절한 지표들을 살펴보고, 클라우드 서비스를 평가할 때 사용할 수 있는 체크리스트를 제공하려 한다. 이런 필요 사항을 논의한 다음, 전형적인 클라우드 사용 모델의 핵심 성공 요인을 살펴볼 것이다. 마지막으로 사용자 입장에서 클라우드 완숙도 모델을 살펴봄으로써 스스로의 완숙도를 어떻게 평가할 수 있는지 논의할 것이다. 이렇게 함으로써 당신이 가장 좋은 방식으로 클라우드를 채택하고 있는지, 클라우드 컴퓨팅을 사용하면서 그 과정을 시간을 두고 스스로 평가할 수 있다.

대학 컴퓨팅 모델

BYOD Bring Your Own Device로 알려진 대학 컴퓨팅 모델은 전산 또는 클라우드 서비스를 이용하는 데 사용하는 기기와 관련해 완벽한 다양성을 보여준다. 이는 3장에서 이야기했듯이, 회사의 직원들과 달리 학생들은 각자의 기기를 학교에 가져오고, 대학의 전산 부서는 기기들의 폭넓은 다양성에 맞춰야 하므로

그림 32   대학 컴퓨팅 모델로 이전

회사 기기	변수	BYOD
정기적 백업	자료 손실	클라우드 기반 저장
통제된 환경	자료 순수성	샌드박스 환경
통제된 조립: 표준 하드웨어와 소프트웨어	지원 능력	다양한 조립: 다양한 하드웨어와 소프트웨어
회사만	사용	개인과 회사
내부 감사	실사	외부 감사
회사 부담	비용	개인 부담
회사 부담	사용 허가 및 월 비용	개인 부담(기기), 회사 부담(회사용 응용 프로그램)
회사 정책	전략	사업자 정책
내부 표준	표준화	산업 표준

대학 모델로의 이전

붙여진 이름이다. 하지만 대부분의 직장에서는 전산 부서가 어느 회사 제품을 쓸 수 있는지 지정하기 때문에 일반적으로 기기들의 동질성이 어느 정도 있는 편이다.

클라우드 컴퓨팅을 BYOD와 결합시킬 때 전산 서비스의 전달과 소비 틀에서 변화가 일어난다. 〈그림 32〉에서 볼 수 있듯이 BYOD로 옮겨갈 때 많은 변수들이 영향을 받는다. 그리고 재무부터 회사 정책까지 조직 내 많은 규칙들에 영향을 준다.

〈그림 32〉는 주어진 변수에 따라 당신이 어떻게 BYOD에

각각 다른 접근 방식을 취해야 하는지 보여준다. 자료 손실을 예로 들어보자. 회사 지정 기기들은 중앙의 전산 부서가 정한 대로 정기적인 백업을 하지만 BYOD에서는 자료의 백업이 클라우드 기반 저장소에 만들어져야 한다. 그리고 클라우드 기반의 저장소는 어떤 기기에서뿐 아니라 전 세계 어느 곳에서든 접속할 수 있도록 되어 있다. 그래서 사용자에게 주어진 유연성과 자유가 눈에 띄게 증가했다. 다음에서는 컴퓨팅 환경에 적용 가능한 또 다른 클라우드 사용 모델을 보여준다.

클라우드 사용 모델

클라우드로 이행하는 행동 계획을 수립하기 위해서는 현재 있는 그대로의 전산 환경과 미래의 가능한 환경을 모두 고려하는 전략[1]을 수립할 필요가 있다. 일반적으로 전산 환경은 서비스들이 전달되는 방식으로 분류될 수 있다. 전산 서비스를 전달·사용하는, 특히 클라우드 컴퓨팅과 관련이 있는 다섯 가지의 분명한 활용 모델이 있다. 이것들은 사업과 전산이 짝을 이루어 분류된다. 첫 번째로, 〈그림 33〉은 클라우드 컴퓨팅의 1세대 활용 모델이다. 이 활용 모델은 중앙 전산 부서가 서비스 수준과 계약서를 통제하지만, 단일의 전산 서비스 제공자

그림 33　단일 제공자 활용 모델

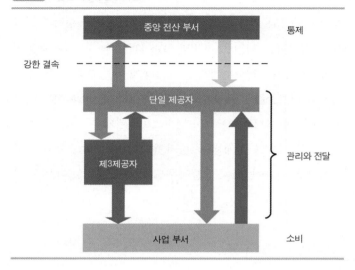

가 조직 내 사업 단위들에게 서비스를 제공하는 모델에 근거
를 둔다. 이 하나의 제공자는 사업 단위들에게 서비스들을 제
공하는 제3자를 지명할 수 있고, 제3자는 그 하나의 제공자에
게 외주업체 역할을 한다. 서비스 제공자는 클라우드 컴퓨팅
부터 전통적인 전산까지 종합 서비스를 제공할 수 있다.

　첫 번째 활용 모델이 오늘날 조직에서 가장 보편적으로 사
용되는 모델이다. 이 모델의 단점은 중앙 전산 부서와 매우 긴
밀하게 짝을 이룬다는 것이다. 이는 클라우드 서비스가 변화
하는 사업 환경에 민첩하게 대응할 수 없다는 것을 의미한다.

그림 34   복수 제공자 활용 모델

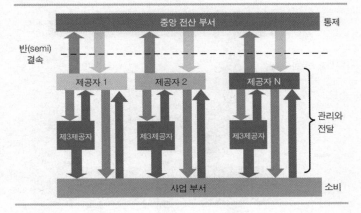

더 좋은 모델은 〈그림 34〉에서 보여주는 것인데, 복수의 제공
자를 활용하는 유연성이 있다.

따라서 한쪽 제공자의 서비스가 변화하는 사업 수요에 맞
추지 못하는 경우, 필요로 하는 서비스를 다른 클라우드 서비
스 제공자가 공급할 수 있다. 중앙의 전산 부서는 사업 부문과
클라우드 서비스 제공자 사이의 중개인으로서 역할을 계속한
다. 거기에 더해 서비스 통합이라는 핵심 기능을 행한다. 통합
기능은 두 가지 형태가 있는데, (1) 다양한 서비스 제공자들
간의 서비스들을 통합하는 것, (2) 제공자들과 사업 부문들을
통합하는 것이다. 대부분의 조직은 클라우드 컴퓨팅과 관련
이 있든 없든, 전산 서비스를 위해 이 서비스를 활용한다고 주

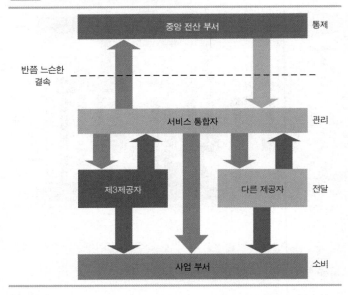

그림 35 서비스 통합자와 3단계 활용 모델

중앙 전산 부서 — 통제

반쯤 느슨한 결속

서비스 통합자 — 관리

제3제공자 — 전달

다른 제공자 — 전달

사업 부서 — 소비

장하지만, 중앙 전산 부서가 통합 기능을 수행하면서 당면하는 극복할 수 없는 어려움 때문에 이런 모델들이 잘 실행되지는 않는다. 한 가지 가능성은 〈그림 35〉가 보여주듯이 서비스 통합자(시스템 통합자가 아님)가 그런 기능을 실행하는 것이다.

서비스 통합의 역할은 전산 제품과 서비스의 목록이 일관되고 효율적인 방식으로 사업의 필요에 부합하도록 보장하는 것이다. 중앙의 전산 부문은 이러한 서비스 모델의 클라우드 제공자와 계약하지 않고 서비스 통합자와 직접 일한다. 선택적으로 서비스 통합자는 클라우드 서비스 제공자 각각과의 계약, 보고, 대금 청구 기능을 관리하며, 중앙 전산 부서에 통합된 보고서를 제공하고 대금을 청구한다. 이런 활용 모델에서 사업 부문들은 세 종류의 당사자로부터 클라우드 서비스를 받는 상당한 유연성이 있다. 즉, (1) 서비스 통합자, (2) 서비스 통합자가 지명하는 제3의 제공자, (3) 중앙 전산 부서가 지명하는 다른 서비스 제공자이다. 모든 지명된 당사자는 사업 부문에 서비스를 제공하고, 중앙의 전산 부서는 사업 부문을 대신해 클라우드 서비스를 전반적으로 관할한다. 그러나 아직도 전산 부문에는 그림자 전산[2] 문제가 남아 있고, 이 문제는 클라우드 컴퓨팅이 제공하는 편의성과 유연성 때문에 크게 악화되었다. 그림자 전산이 일으키는 큰 문제 중 하나는 사업 부문들이 전산에 대해 비표준화된 방식을 취하면서 보안 위반의 위험성이 증가하는 것이다. 다른 한편으로 사업 부문이 그림자 전산에 의존하는 것은 이제까지 논의한 활용 모델들이 사업의 요구에 때맞춰 대응하는 민첩성이 결여되었기 때문이다. 그러므로 이런 문제에 대응하는 활용 모델이 필요한데, 그 특징은 〈그림 36〉이 보여주듯이 중앙 전산 부서와 클라우드 서비스 제공자 사이의 느슨한 짝짓기이다.

〈그림 36〉이 보여주는 활용 모델은 앞에서 논의한 모델과 분명히 차이가 있는데, 클라우드 서비스를 본질적으로 다루는

그림 36 **서비스 전달 기반 활용 모델**

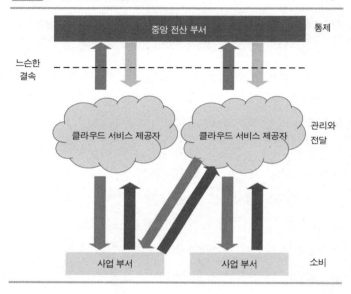

데 목적이 있기 때문이다. 앞의 모델들은 전통적인 전산 서비스 또는 사적 클라우드 서비스의 사용을 염두에 두고 만들어졌다. 〈그림 36〉의 서비스 전달 기반 활용 모델은 중앙 전산 부서가 클라우드 서비스 제공자의 상품 목록을 가지고 있으며, 영업 부문은 그중에 선택할 수 있다. 사업 부서는 대금 청구와 서비스 수준 계약과 관련해 클라우드 서비스 제공자를 직접 상대한다. 중앙 전산 부서는 서비스 통합자의 역할을 맡는다. 이 모델의 채택이 진화하면서 전통적인 전산은 결국 클

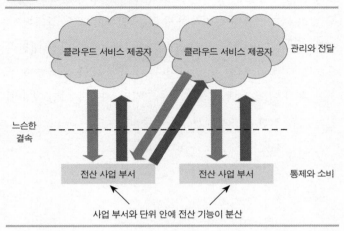

그림 37   서비스 소비 기반 활용 모델

클라우드 서비스 제공자   클라우드 서비스 제공자   관리와 전달

느슨한
결속

전산 사업 부서   전산 사업 부서   통제와 소비

사업 부서와 단위 안에 전산 기능이 분산

라우드 컴퓨팅으로 바뀌었고, 중앙 전산 부서의 역할 또한 〈그림 37〉이 보여주듯 집중화보다는 분산된 기능으로 진화해야 한다.

사업 부서에 심어진 분산된 전산 기능은 사업을 더욱 민첩하게 만들며 클라우드 컴퓨터의 장점을 온전히 활용할 수 있게 한다. 전산 기능은 최고 기술 책임자가 이끌게 되며, 그는 조직 안에서 클라우드 서비스 제공자와 계약하는 기준들을 규정하는 책임을 갖게 된다. 두 번째로 그의 역할은 규정된 기술 표준을 따르도록 서비스 제공자와 사업 부문을 관리·감독하는 것이다. 대금 청구와 전산 계약 관리 같은 중앙 전산 부서의 전통적 기능들은 각각 재무 및 구매 부서와 통합된다. 이것이 클라우드 컴퓨팅을 가능하게 하는 전산의 최소 형태이다. 또한 클라우드 컴퓨팅이 직장이나 사업에서 패러다임 대전환을 만드는 주요 원인 중 하나이다. 전산에 대한 통제를 중앙 전산 부서 안의 선택된 몇 사람으로부터 빼앗아 사업 부문에 있는 많은 전산 사용자에게 주는 것이다.

상호 운용

앞의 논의에서 알게 되었듯이, 모든 활용 모델들은 그 저변에 '하나의 서비스는 다른 것과 공존한다'라는 공통 원칙이 있다. 또한 사업의 연속성이나 상업적 이유 때문에 클라우드 서비스가 다른 제공자가 공급하는 비슷한 것으로 대체될 수 있다는 점을 확실히 하고 싶을 수 있다. 이 모든 것은 서비스들 간에 상호 운용성을 요구한다.

상호 운용성은 다른 클라우드 서비스 제공자로부터 제공되는, 같거나 비슷한 클라우드 서비스를 사용할 수 있는 능력이다. 상호 운용성의 범위는 기술적 문제에만 국한되지 않고 대금 청구, 보고, 관리, 사업 과정, 자료의 통합 같은 주제에도 해당된다. 그리고 이것은 사적, 공개, 혼합형, 공동체 같은 클라우드 배치 모델과도 상관이 없다. 여기에서는 클라우드 서비스의 상호 운용성을 보장하기 위해 적용하는 체크리스트를 살펴보기로 한다.

관리 및 감독

만일 클라우드 서비스에 대한 감사 처리 과정 및 전략을 사용하고 있다면, 새로 구매하려는 다른 서비스를 기존의 클라우드 서비스와 상호 운용할 수 있는지, 같은 감독 기준에 부합하는지 확인해야 한다. 마찬가지로 관리에서도 조직 내의 동일한 관리 집단이 모든 클라우드 서비스, 특히 상호 운용의 필요가 있는 것들에 대해 감독하도록 해야 한다.

준법 감시

산업 또는 국가의 여러 규정을 준수할 필요가 있다면, 사용하고 있는 클라우드 서비스가 이 범주 안에 있는지 확인해야 한다. 만약 그렇다면, 상호 작동하는 모든 클라우드 서비스가 같은 규정을 준수해야 한다. 일반적으로 클라우드 서비스 입장에서 보면 클라우드 서비스가 전문가용이 될수록 일반 규정과 산업별 규정 사이에 단계적 차이가 있다. 〈그림 38〉이 보여주듯이 이메일이나 사무실 생산성 도구와 같은 일반적인 유틸리티 서비스는 그 범위가 전 세계적이며, 일반적·국제적 법률

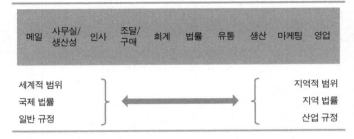

그림 38 일반적 준법 감시 요구 사항

메일	사무실/ 생산성	인사	조달/ 구매	회계	법률	유통	생산	마케팅	영업

세계적 범위   지역적 범위

국제 법률   지역 법률

일반 규정   산업 규정

과 규정을 준수할 필요가 있다. 전문가 클라우드 서비스를 좀 더 고려할 때는 현지 법률과 산업 규정이 적용된다. 다만 이것은 특정 클라우드 서비스에 적용되지 않는 일반적인 견해일 뿐이다.

보안 및 자료 무결성

자료 무결성을 위해서 동일한 암호 표준과 기법이 상호 작동하는 모든 클라우드에 걸쳐 적용될 필요가 있다. 그렇지 않으면 자료 흐름이 매끄러해지지 않는다. 보안 측면에서는 상호 작동되는 클라우드 서비스들 간에 보안 수준의 차이가 없도록 동일한 보안 처리 절차를 두어야 한다. 조직 내에서는 하나의 보안 전략으로 표준화하는 것이 최선이므로 모든 서비스의 사용자들이 동일한 보안 훈련을 받도록 해야 한다.

자료 통합

클라우드 서비스 간에 자료 통합이 매끄럽게 되려면 두 가지 요소가 중요한데, 공통 양식과 자료 모델이 그것이다. 양식이란 자료를 보여주는 형식으로, 예를 들어 스프레드시트는 문서 파일과 다른 양식으로 정보를 저장한다. 같은 양식일 때도 자료가 무엇과 관련 있는지에 대한 공통점이 있어야 한다. 예를 들어 두 개의 문서 파일(두 개가 같은 양식임)이 있을 때, 한 파일은 재고에 대한 정보를 담은 반면, 다른 하나는 급여에 대한 정보를 담고 있을 경우 두 개의 파일은 다른 자료 모델을 지닌 것이다. 그러므로 상호 작동을 하는 클라우드 서비스들은 같은 자료 양식과 모델을 갖도록 할 필요가 있다.

과정 통합

상호 작동성을 위해 동일한 양식과 모델을 갖는 것 외에, 클라우드 서비스 내의 과정을 통해서 그 자료에 대해 같은 과제들이 수행되도록 해야 한다. 이것이 과정의 통합이다. 과정 통합에는 두 가지 양상이 있다. 하나는 클라우드 서비스의 한 과정이 다른 과정에서 자료를 받아 첫 번째 과정의 연장선에서 작업 흐름을 시작하는 것이다. 다른 하나는 전원을 꽂으면 거의 바로 작동하는 방식으로, 서로 교환할 수 있을 만큼 두 개의 과정이 같은 것이다. 두 양상 모두 클라우드 서비스가 상호 작동할 수 있도록 처리 과정이 동일한 사업 과정 언어와 통신 규약을 갖게 할 필요가 있다. 자료와 과정 통합을 쉽게 하려면 ESB Enterprise Service Bus를 사용해 낮은 단계의 추출 수준에서는 기술적 통합에 대한 염려들이 감춰지도록 한다.

사업의 연속성

사업의 연속성에는 두 가지 양상이 있다. 하나는 다른 서비스 제공자의 두 번째 클라우드 서비스를 이용해 재난을 복구하는 일과 관련이 있는데, 클라우드 서비스에는 최소한의 단절만 있도록 해야 한다. 또 다른 양상은 현재의 것이 용량 초과 상황을 견디지 못할 때 두 번째 클라우드 서비스를 이용할 필요와 관련이 있다. 두 경우 모두 한쪽 클라우드에서 다른 클라우드로 매끄러운 흐름이 되도록 클라우드 파열을 이용할 수 있다. 그러나 클라우드 파열을 사용하는 능력 또는 다른 사업자 간의 비슷한 클라우드 서비스를 사용하는 자동화된 방법이 있어야 한다. 이것은 한쪽 클라우드에서 다른 클라우드로 매끄럽게 통과하도록 통제하는 데 올바른 통신 규약과 표준을 사용하므로 기술적인 요구 사항이 훨씬 더 많다. 게다가 사업의 연속성을 확보하기 위해서는 자료와 과정 통합의 요구 사항들이 만족되어야 할 것이다.

모니터링과 경고

앞으로 클라우드 서비스는 모니터링과 치료 과정이 자동화된 자가 치료를 제공할 것으로 보인다. 하지만 그전까지 클라우드 서비스가 보내는 모든 경고는 공통된 표준과 양식으로 당신의 팀과 대화하도록 만들어야 한다. 그래야 팀이 때맞춰 경고에 대응할 수 있게 된다. 또한 정기적인 테스트를 통해 사전 예방이 가능하다. 이런 실험에는 고객을 상대하기에 적당한 용량이 있는지 보는 스트레스 실험 Stress Test, 또는 보안 위반이 발생할 수 있는 보안 허점이 있는지 평가하는 침투 실험 Penetration Test 등이 있다.

대금 청구와 보고

대금 청구의 처리 과정, 양식, 보고서(필자는 일반적인 입출금 내역서 및 청구서들을 이렇게 표현한다)는 그 서비스들을 소유하는 데 드는 총비용을 의미 있고 신속하게 평가하기 위해서 서비스들 간에 비슷해야 한다. 그리고 처리 과정 및 보고서뿐 아니라 사람들 사이에서도 상호 작동성을 확보하려면 대금 청구에서 일하는 사람들이 적절한 처리 과정과 보고서에 대해 동일하게 이해하도록 해야 한다.

사업 과정

클라우드로의 이행은 효율성을 더욱 높이기 위해서 사업 과정을 재설계할 좋은 기회를 제공한다. 처리 과정은 사업의 다른 부분들을 연결하기 때문에 처리 과정을 개선하면 전체 사업을 개선하게 된다. 또한 사업 과정 서비스를 사용하면 자동화된 사업 과정을 얻게 되므로 클라우드 컴퓨팅은 사업 재설계의 훌륭한 촉진제가 된다. 사업 과정 서비스까지 가지 않더라도, 정보 서비스와 소프트웨어 클라우드 서비스에 올라타면 처리 과정을 크게 효율화할 수 있고 사업의 변화를 만들게 된다.

〈그림 39〉에서 보여주는 사업 과정 재설계Business Process Re-design: BPR(마이클 해머Michael Hammer와 제임스 챔피James Champy가 처음 고안했다) 모델은 사업 과정을 재설계하는 좋은 절차를 보여준다.[3] BPR 채택에서 요지는 조직 효율을 향상시키는 데 성공하려면 그 처리 절차를 개선해야 한다는 것이다(이는 기계 사이의 처리 절차 또한 효율적이어야 하므로 사물 인터넷 관련 처리 절차에도 적용된다). 그래서 BPR 모델을 사용할 때 던지는 질문 중 하나는 한 과정 또는 작업 흐름도 중 하나가 꼭 필요한 가이다(〈그림 39〉의 3단계). 필요한 것만이 유지·개선·실행된다. 제5단계에서 처리 과정을 재설계하는데, 전체적으로는 사

그림 39   사업 과정 재설계 모델

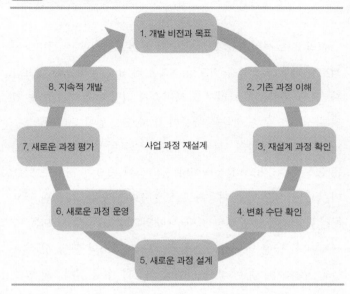

업 과정 서비스로 설계하며, 일부는 클라우드 서비스 중 하나를 사용하고 다른 일부는 클라우드 밖의 것을 사용한다. 서비스가 클라우드 컴퓨팅 구성 요소를 반드시 사용해야 하는지를 평가하는 기준은 다음에서 설명하는 당신의 요구 사항과 핵심 성공 요인을 통해 정해진다.

요구 사항과 핵심 성공 요인

클라우드 서비스로 옮겨가거나 새로운 클라우드 서비스를 검토할 때 서비스들을 비교할 척도로서 요구 사항들이 필요하다. 요구 사항들은 클라우드 서비스가 적당한지 평가할 수 있도록 서비스 수준 계약을 확실히 할 때도 도움이 된다. 클라우드 서비스가 당신의 모든 전산 또는 컴퓨팅 수요를 충족하지는 않는다. 고속의 컴퓨팅이나 탄력성이 필요한 경우도 있으며, 전통적 컴퓨팅을 이용하고 싶은 경우도 있다. 다음의 것은 클라우드 컴퓨팅에 대한 요구 사항을 정할 때 도움이 되는 명세표이다. 또한 구매하려는 클라우드 서비스의 핵심 성공 요인을 규정하는 데 이 요구 사항을 사용할 수도 있다. 세 범주로 분류하면 기능적 요구 사항, 비기능적 요구 사항, 사업 관련 요구 사항이 있다. 이것들은 클라우드 컴퓨팅의 모든 배치와 서비스 모델에 사용할 수 있을 만큼 포괄적이다.

1. 기능적 요구 사항
   - 만기
   - 상호 작동성
   - 기능 조합
   - 사용 모델

2. 비기능적 요구 사항
   - 보안
   - 이용 가능성
   - 탄력성
   - 통신망 용량

3. 사업 관련 요구 사항
   - 가격과 가치 모델
   - 위험
   - 사업 연속성
   - 지원 모델
   - 보고서 및 대금 청구

   각 요구 사항을 0부터 3까지 매기는 점수표로 만들면, 0은 요구 사항을 만족시키지 못한 것이고, 3은 완전히 만족시킨 것을 뜻한다. 또한 요구 사항들은 가장 중요한 순서에 따라 가중치가 정해질 수 있다. 예컨대 만기는 가중치가 0일 수 있는데, 이 요구 사항은 전혀 중요하지 않다는 뜻이다. 반면 기능 조합은 가장 중요함을 나타내는 3의 가중치를 지닐 수 있다. 가중치를 점수와 곱하면 클라우드 서비스 또는 각 사업자를 비교할 때 특정 요구 사항에 대한 가중 평가를 얻을 수 있다.

클라우드 완숙도 모델

〈표 9〉는 클라우드 컴퓨팅의 완숙도 모델을 보여준다. '실행된', '정의된', '관리된', '적응된', '최적화된'(완숙도의 최상급)의 다섯 단계가 있다. 표에서 '초점', '성공 요인'이라고 제목이 붙은 처음 두 행은 각각 주요 특징과 혜택을 통해 그 완숙 수준을 나타낸다. 그다음 다섯 행은 (1) 클라우드 서비스를 구매·사용·관리하는 사람, (2) 클라우드 서비스와 상호 작용하는 프로세스, (3) 서비스에 대한 재무 그리고 사용 실적 관찰과 보고, (4) 클라우드 서비스가 당신의 필요를 만족시킬 수 있도록 제공되는 보안 및 규정적·기능적·재무적 감독, (5) 클라우드 서비스의 재무적 생존이 가능하도록 하기 위한 재무관리가 있는지를 통해 클라우드 서비스의 완숙도 특징을 보여준다. 완숙도 모델들은 이 다섯 가지 특성에 대해 상호 배타적이지 않으므로, 예를 들어 사람에 대해서는 완숙도 1이고 프로세스로는 완숙도 3이 될 수 있다. 그러나 당신의 클라우드 서비스의 전반적인 완숙도는 대부분의 특성이 일치하는 그 수준으로 표시된다.

완숙도 모델을 두 방향으로 이용할 수 있는데, 첫 번째는 클라우드 서비스의 활용과 위임을 개선할 전략을 만들어내는 것으로, 이를 통해 한 단계 더 높은 완숙도로 이동할 수 있다. 두

표 9 클라우드 완숙도 모델

완숙도	1. 실행된	2. 정의된	3. 관리된	4. 적용된	5. 최적화된
초점	기능적이며, 무작위로 사업적 필요에 맞춤	비용을 줄이고 자산 확보에 유용	사업 수요 정렬에 효과적	사업 수요에 반응	자동화된 사업 기능
성공 요인	새로운 사업 과정	표준화로 인한 비용 효율화	민첩, 유연, 신속한 시장 진출	측정 가능, 반복 가능 결과	지속적 향상
사람	• 담당 팀 없음 • 클라우드 컴퓨팅을 장 모음	• 정의된 기본 역할과 책임	• 정기 훈련 • 역할과 책임 실행	• 자산 관리 • 클라우드 서비스 재활용에 대한 혜택 제공	• 새로운 최적 클라우드 서비스
프로세스	• 정의된 상호 운용 표준이 없음 • 클라우드 서비스 재활용 및 수명에 대한 정의 부재	• 정의된 자료와 과정에 대한 상호 운용 • 정의된 최상의 실행 • 정의된 서비스 주기	• 클라우드 서비스 재활용 관리 • 자료와 과정의 상호 운용	• 사업 과정 재설계 • 핵심 과정의 사업 활동 관찰	• 민첩하고 최적화된 과정 • 사업 과정의 지속적 발전
관찰과 보고	• 관찰이 거의 없음 • 보고서는 청구서 수준으로 제한됨	• 정의된 지표와 핵심 성과 지수	• 보고된 지표와 핵심 성과 지수	• 추적되는 지표와 핵심 성과 지수	• 사업 수요에 맞추기 위해 지속적으로 최적화된 지표
관할	• 클라우드 서비스에 대한 불분명한 소유권	• 정의된 소유권 • 최고 경영층의 지원	• 관할 과정이 정해지고 지켜짐 • 거버넌스 계획	• 모든 사업 부문에 걸친 지표와 핵심 성과 지수	• 모든 사업 부문에 대한 연합 관할
재무 통제	• 통상 신용카드에 기반을 둠	• 대금 청구 그리고 관련 사용 청구서	• 규정된 벌금과 환급	• 클라우드 서비스 사용을 위한 재무 계획과 예산	• 클라우드 컴퓨팅이 사업의 일부가 되면서 수익 창출 단위로 간주됨

번째는 클라우드 컴퓨팅의 모범 사례를 이해하는 데 사용하는 것이다. 분명한 것은, 최적화된 완숙도 수준을 보여주는 마지막 열이 최종 목적으로 여겨져야 한다는 점이다.

11

미래 전망

클라우드 컴퓨팅은 자동화와 추출을 가능하게 하는 기술이다. 이는 클라우드 컴퓨팅을 독특한 입장에 세웠는데, 당신의 직장, 사회, 인생에 관련된 패러다임의 대전환을 가능하게 만든 것이다. 이 장은 클라우드 컴퓨팅과 관련된 새로운 기술과 흐름을 논의하는데, 이것들은 미래 기술 전망에 변화의 촉매가 된다. 이러한 흐름에 대해 논의하고 향후 벌어질 일에 대해 추정해보자. 물론 일반적인 전망과 마찬가지로 모든 것이 실제로 일어나지는 않는다. 그럼에도 미래를 그려나갈 때 클라우드 컴퓨팅에서 가능한 기술과 열 수 있는 문들이 무엇인지 아는 것은 중요하다.

사물 인터넷과 서비스 인터넷

집 안에는 마이크로프로세서나 마이크로컨트롤러가 장착된 오븐, 세탁기, 텔레비전, 냉장고, 심지어 쓰레기통까지 있다. 이 목록은 마이크로컨트롤러의 저렴한 가격 때문에 더 늘어나게 되어 있다. 전구 같은 소모품에도 이런 장치가 있는 것은 놀라운 일이 아니다. 이런 전기 기기를 인터넷에 연결하면 연결된 기기가 되고, 그것들이 사용하는 통신망은 사물 인터넷 Internet of Things: IoT 이라고 불린다. 어째서 이런 기기들을 인터넷에 연결하려 할까? 쓰레기통을 예로 들어보자. 통이 꽉 차서 센서가 당신 지역의 시설부에 상황을 연락했을 때, 정기적으로 트럭을 보내는 대신 필요할 때 비워준다면 어떨까? 또한 쓰레기통이 언제 차는지 예측하고(매일의 양에 근거해 증가를 예측할 수 있다), 시설부가 며칠 전에 알도록 이메일이나 신호를 보낸다고 가정해보자. 이렇게 하면 시설부는 최적의 쓰레기 수거 경로를 계획하고 만들 수 있다. 이로써 지역사회를 위해 연료와 시간을 절약할 수 있다. 그 결과 지방세가 줄어서 (아마도 늘지는 않을 것이다) 혜택을 볼 것이다. 직장에서 쓰는 프린터에 이미 이런 비슷한 일이 일어나고 있다. 프린터는 소모품인 종이, 잉크, 토너를 측정해 떨어질 때가 되면 중앙에 이메일을 보낸다. 그러면 프린터의 대체 잉크 및 토너가 교환을 위해 시설부에 보내진다. 당신의 회사는 이런 서비스에 대해 대금 청구를 받지 않는다. 프린터는 프린터 회사가 소유하고 당신의 직장에 임대되었기 때문이다. 당신의 회사는 단순히 그 달에 출력한 쪽수에 따라 월 금액을 지불한다. 이 경우 IoT 프린터는 클라우드 기반의 유틸리티 가격 제도를 이용하는 것이다. 수많은 프린터에 대한 추적·관찰, 월별 출력 쪽수를 근거로 한 대금 청구, 잉크 같은 소모품의 자동화된 공급은 사업 또는 서비스의 처리 과정이다. 그런 서비스가 클라우드에서 자동화되고 사물 인터넷 기기들을 지원하면 서비스 인터넷 Internet of Services: IoS이 되는 것이다. 서비스 인터넷의 또 다른 예는 특정 지역에서 인터넷으로 연결된 수많은 가로등이다. 자동으로 전구를 교체할 수 있도록 추적·관찰함으로써 사람이 정기적 검사를 나가야 할 필요를 생략해준다. 게다가 가로등은 복수의 용도가 있는데, 온도, 습도, 기압 등의 날씨 관련 정보를 수집하거나, 어떤 도로의 편의성을 평가하기 위해 행인의 수를 세기도 한다. 여하튼 전구 교체를 위해 가로등을 추적·관찰하는 일은 다양한 사물 인터넷에 연결된 전구에 대한 서비스 인터넷이다. 이런 사례에서 볼 수 있듯, 사물 인터넷과 서비스 인터넷은 연결되어 있으므로 함께 고려되어야 한다.

사물과 서비스 클라우드

사물 인터넷과 서비스 인터넷이 클라우드 컴퓨팅과 무슨 관계가 있는지 궁금할 수 있다. 작업 흐름표대로 사물 인터넷 기기를 관찰하고 사물 인터넷을 지원하는 서비스를 실행하기 위한 처리 과정은 클라우드 안에 있다. 이것이 인터넷 방식의 서비스가 있는 곳이다. 그러므로 사물 인터넷 기기들과 관련된 서비스 인터넷은 자기들만의 클라우드를 가지고 있다. 그런 클라우드는 적용 범위와 필요에 따라 사적, 공개, 공동체, 혼합형 중 어느 것이어도 된다. 그런 전문가 클라우드를 지칭하기 위해 사물과 서비스 클라우드Cloud of Things and Services: CoTS라고 이름을 지었다. 지금은 사물과 서비스 클라우드가 조금밖에 없는 편이지만, 앞으로는 사물 인터넷 기기와 서비스 인터넷의 확산으로 유비쿼터스해질 것이다. 사물과 서비스 클라우드의 핵심 전제는 자동화이다. 이것은 편의성과 함께, 필요한 때에 필요로 하는 장소에서 행하는 서비스라는 사물 인터넷과 서비스 인터넷의 두 가지 전제를 가능하게 한다. 전제 중에서 장소가 중요하다. 가로등의 사례를 생각해보면, 교체할 필요가 있을 때 정확히 어떤(어디에 있는) 전구인지 알 수 있게 해준다. 정지되어 있지 않은 기기들을 위해서는 GPS Global Positioning System[1]를 이용한 지리적 위치 추적을 통해 사물 인터넷 기기의 정확한 위치와 관련된 위도, 경도, 해발까지 얻을 수 있다. 클라우드 컴퓨팅의 유비쿼터스 특성은 사물 인터넷과 상당히 많은 시너지를 일으키는데, 그것들을 추적·관찰할 필요가 있고 어디에 있든지 필요한 서비스를 제공해야 하기 때문이다. 사물과 서비스 클라우드 기반 서비스가 제공될 수 있는 분야는 다음과 같다.

1. 스마트 홈: 연기 탐지기와 화재 경보기는 집 안이나 사무실에 있는 연결된 기기의 예이다.

2. 웨어러블 기기: 구글 글라스Google Glass와 애플 아이워치 Apple iWatch가 좋은 예이다. 소통의 수단일 뿐 아니라 건강 과 환경을 추적·관찰하는 센서 역할을 한다.

3. 스마트 도시: 교통 관리, 수돗물 관리, 쓰레기 관리, 도심 보안, 환경 모니터링, 보행자 정체 관리, 가로등은 사물과 서비스 클라우드를 사물 인터넷 기기들에 연결한 사례들 이다.

4. 스마트 그리드: 전력의 효율성, 신뢰성, 경제성을 향상시 키기 위해 전기 소비 정보를 사물 인터넷 서비스로 파악 하는 스마트 측정이 늘어났다.

5. 소매: 근접 광고, 스마트 지갑, 소매시장에서 NFC Near Field Communication[2]로 하는 구매

이상의 목록은 빙하의 일부일 뿐이다. 사물 인터넷 서비스 는 조만간 확장되어 은행, 제조업, 건강, 농업과 운송 같은 분 야를 감당할 것이다.

개인 클라우드

사물 클라우드가 있는데 인간 클라우드는 왜 없어야 하는

가? 개인 클라우드는 개인적 필요에 따라 소유하고 이용하는 것이다. 그 예는 (1) 서류 저장(개인의 재산 목록, 운전면허 등), (2) 전자 지갑 저장(금융 지갑, 건강 지갑), (3) 전자 쇼핑용 쇼핑 바구니 저장, (4) 음악과 비디오 저장(아마존의 클라우드 드라이브, 애플의 아이 클라우드) 등 아주 많다. 건강 지갑의 사용 사례를 생각해보자. 사물 인터넷과 웨어러블 기기가 출시된 후 건강 지갑에 저장할 수 있도록 혈압, 심장박동 수, 몸무게 같은 다양한 건강 지표들의 측정이 일반화되었다. 마이크로소프트, 구글, 애플 등은 그런 지갑을 그저 시도하는 데 그치지 않고 실제로 개발하고 있다. 사물 인터넷과 웨어러블 기기를 이용해 건강 지표 측정을 자동화하면 개인 클라우드 그리고 사물과 서비스 클라우드 간에 재미있는 교차점이 생긴다. 건강 지갑은 개인 클라우드이지만, 사물 인터넷 기기와 연결되고 건강 자료를 확보하므로 사물 클라우드이기도 하다. 사물 클라우드는 당신의 건강 지표가 어느 수준을 넘어서면 의사 또는 가족에게 경고하는 서비스(서비스 인터넷)를 제공할 수 있다. 그러나 예측 분석 기술을 사용하면 이 서비스에서 한 걸음 더 나아갈 수 있다. 지표들의 조합을 통해 건강 악화가 임박했다는 경고를 받으면 어떻게 될까? 그러면 경고를 유발한 요인에 대해 적극적으로 대책을 세워 건강을 향상시킬 수 있다.

경험의 효율성

1960년대 중반 보스턴 컨설팅 그룹은 경험 곡선이라는 것을 개발했는데, 조직에 특정 제품이나 서비스를 생산하는 경험이 더 많이 생길수록 그 서비스를 만드는 비용은 줄어든다는 것이다. 시간이 지나고 클라우드 서비스 제공자들의 경험이 많아질수록 클라우드 서비스 비용은 줄어든다. 보스턴 컨설팅 그룹은 축적된 경험이 두 배가 될 때마다 실제로 비용의 약 20~30%가 특징적으로 줄어든다는 사실도 알아냈다. 이는 물가 상승을 감안해도 비용이 항상 줄어든다는 것을 뜻한다. 그러나 하락률은 성장에 달려 있다. 성장이 빠르면 비용 하락도 빠르다. 여하튼 이 개념은 여러 산업, 제품, 서비스 분야에 걸쳐 적용되었다. 그러나 알아두어야 할 점이 하나 있다. 각각의 제품이나 서비스는 경험 곡선의 기울기가 다르고, 그에 따라 비용 감소[3]에 작용하는 요인이 다르다는 것이다.

〈그림 40〉은 '비용' 측면에서 경험 곡선의 효과를 보여준다. 이때 '비용'은 더 큰 기술의 필요성과 클라우드 서비스를 사용할 때 요구되는 노력으로 표현된다. 시간이 지날수록 좀 더 경험이 쌓이고 혁신이 일어나면서 〈그림 40〉의 1번처럼 하향 이동이 나타난다. 그 결과, 동일한 노력과 시간을 들인 클라우드 컴퓨팅 이용에 필요한 기술적 역량이 낮아졌다.

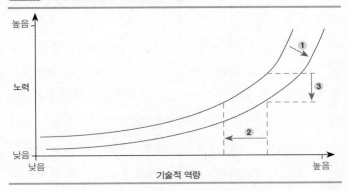

그림 40　클라우드 컴퓨팅에 심어져 있는 경험 곡선

마찬가지로 3번은, 동일한 기술적 역량이 주어졌을 때 곡선 변화의 효과를 보여주는데, 클라우드 서비스를 이용할 때 역시 시간과 노력이 덜 소요된다. 클라우드 서비스를 이용하는 조직은 시간을 두고 더 큰 비용 효율이 생긴다는 말이다.

클라우드 서비스 거래

필자가 개발한 클라우드 서비스 교환소라는 혁신적 아이디어를 이용해 클라우드 서비스를 구매하는 구상을 논의해보자. 주식시장에서 주식이 돈과 거래되듯이, 돈을 통한 실시간 거래가 가능해지면 클라우드 서비스를 일반 상품처럼 사고팔 수 있게 된다. 사업 과정 서비스 같은 높은 수준의 것과 비교해 낮은 추출 수준의 기반 시설 서비스나 플랫폼 서비스는 더욱 쉽다. 그런 거래의 핵심 요소는 클라우드 서비스 간의 상호 작동성이다. 그래서 하나의 서비스는 다른 서비스와 거래소를 통해 매끈하게 순간적으로 대체될 수 있다. 서비스 제공자와 소비자는 거래를 성사시키기 위해 거래 플랫폼을 공유하고, 모든 서비스는 2장에서 논의한 클라우드 패턴으로 분류된다. 지불 가격은 하나의 서비스에 대한 수요와 공급 변수에 달려 있으므로 그 결과는 클라우드 서비스 사용자에게 공정한 가격이다. 예상 고객과 적당한 서비스를 연결시켜 즉각적인 거래가 실현되도록 가격과 서비스 탐색에 대한 실시간 체제가 실행되어야 한다. 이는 IT 세계가 도달하게 될 미래인데, 전산 기술과 서비스의 점증하는 상품화 속에서 클라우드 컴퓨팅은 진화의 자연스러운 단계이기 때문이다.

12

후기:
저자의 생각

이 장에서는 기술, 전산, 그리고 특히 클라우드 컴퓨팅이 불러올 경제적·도덕적·사회적 문제들에 대해 논의한다. 이들 중 많은 문제는 다루기 쉽지 않은데, 필자의 의도는 기술이 사회와 세상을 형성할 때의 역할을 알려주려는 것이다. 기술의 영향과 활용을 각각 별개의 절에서 설명하려고 하는데, 이들은 사회적 관점으로 볼 때 대부분 서로 관련이 없다.

민주주의를 위한 도구

에드워드 버네이스에 따르면 대의 민주주의의 생존과 작동을 위해서는 다양한 선전 기술을 활용해 동의가 만들어져야 한다.[1] 버네이스는 대중의 숨겨진 동기들을 찾아내야 이 기술이 효과적일 수 있다고 말하는데, 감정적 주장의 신중한 사용을 통해서(아마도 책략으로) 가능한 선택이 두 가지로 제한되어야만 열정적이고 강력한 결과를 도출할 수 있다는 것이다(성공적인 민주주의 국가가 공교롭게도 두 개의 큰 정당을 지니는 이유가 있다). 대중의 감정적 스위치인 숨은 동기를 찾는 데 자료 분석이 큰 역할을 한다. 대단히 크고 다면적인 특성을 지닌 자료에 대한 분석 기술들은 일반적으로 빅 데이터로 불린다. 다양한 소스로부터 자료를 수집하는 일은 커다란 공개 클라우드가 캐내기에 시시한 일이 되었다. 그래서 클라우드 컴퓨팅이 성장하고 그에 따라 몇몇 대규모 사업자들로 집중되면, 빅 데이터를 수집·처리·분석·보고하는 일이 정치적이든 아니든 다양한 당사자에게 손쉬워지고, 여론을 조작하거나 더 나아가 잠잠하게 만들기도 할 것이다.

대분열

2007년 세계적인 경기침체가 발생했을 당시, 미국의 상위 1% 부자들은 34.6%의 금융자산을 소유했다. 4년 후인 2011년에는 상위 1%가 42.7%를 가지고 있었다. 나머지 다른 사람들로부터 상위 1%에게 상당히 빠른 속도로 재산이 이동한 것이다. 부자와 빈자의 이러한 재산 격차는 여러 집단에서 많은 논란을 불러일으켰다. 흥미롭게도 점점 더 기술은 이 기간에 사람들을 달래는 데 이용되었다. 시간을 두고 빈부 격차가 커졌으며, 생활수준(대체로 수입에 근거한 지표)은 정체되어 있다고 해도 우리 생활의 질은 향상되었는데, 수명이 길어지고(의약품 발전 덕분에), 스마트폰, 전기, 자동차, 텔레비전 등이 있기 때문이다. 기술과 의약품이 획기적으로 발전하면서 일반적으로 몇십 년 전에는 지니지 않았던 물건들을 이제는 당연한 것으로 여긴다. 아주 부유한 사람과 가난한 사람 간의 빈부 격차를 키운 핵심 요인에 대처하지 않은 것에 대한 변명거리로서 기술의 발전이 이용되는 셈이다. 실제로 격차는 항상 있었고, 혹자는 그럴듯하게 주장하기를 사람들이 인생에서 더 높은 목표를 이루도록 동기를 부여하기 위해 그런 격차가 필요하다고 한다. 그러나 사회 비평가들은 기술과 혁신을 자신들의 주장을 내세우는 버팀목으로 삼아서는 안 된다. 그렇게 하면 논란을 애매하게 만들고, 다음과 같은 중요한 질문에 답하지 못하게 된다.[2] (1) 커져가는 격차의 원인은 무엇인가? (2) 어느 정도의 격차가 사회를 불안정하게 만드는가? 기술의 발전을 변명의 재료로 이용하는 대신 이런 문제에 대처하기 위한 사회적·경제적 혁신들이 추구되어야 한다. 기술이 이런 종류의 문제들에 해결책을 제공하는 도구로 이용될 수 있다 해도 항상 해답인 것은 아니다.

그러나 기술이 더욱 진보하게 되면(클라우드 컴퓨팅도 그중 하나이지만), 현재의 스포츠와 섹스 같은 아편과 더불어 '기분 좋게' 하는 것들로 더욱 쉽게 대중을 달랠 수 있게 된다.[3] 이런 것들이 말 잘 듣는 대중을 유지하는 도구로 쓰이고, 경제적 격차를 점점 더 확대하게끔 기울어진 절차에 사용된다.

또 다른 전제는 더 많은 자동화로 인해 지루한 일이 더 많이 기계에 의해 대체되므로 기술이 분열을 만들어낸다는 점이다. 다시 말해 기술적 역량과 사용의 전문적 능력이 결여된 사람들은 실업 또는 반고용 상태에 놓인다는 것이다. 반면 능력이 뛰어난 사람들에 대해서는 커다란 수요가 있다. 그 결과는 에릭 브린욜프슨Erik Brynjolfsson과 앤드루 맥아피Andrew McAfee가 『제2의 기계 시대The Second Machine Age』라는 책에서 논의한 대로 두 그룹 간의 확대되는 소득 격차이다.

개인 정보

대부분의 큰 나라들은 당신의 정보에 쉽게 접근한다. 이메일, 쇼핑 습관, 은행 정보와 재무 세부 사항, 위치, 여행 계획(항공기를 예약했을 경우) 등 수없이 많다. 이 정보들은 대부분 그냥 수집되었을 뿐 아마 해롭게 쓰이지는 않을 것이다. 하지만 '아무리 좋은 정부여도 정부는 국민의 자료에 대한 권리가 있을까'라는 질문이 남는다. 대부분의 평등주의 국가들에는 사생활 보호법이 있지만 이런 나라의 정부들은 당신의 모든 정보에 쉽게 접근할 수 있다. 무언가를 돈이 거의 안 들고 쉽게 할 수 있다면 일반적으로는 할 것이다. 클라우드 컴퓨팅의 도래로 이렇듯 전산 시스템이 일반 상품화되면서 대부분의 국가들은, 아주 작은 나라들까지도 조만간 국민들의 개인적 생활에 완벽하게 접근할 수 있고 알게 될 것이다. 최근의 에드워드 스노든Edward Snowden 사건은 이를 보여준다. 맞든 틀리든 깔려 있는 가정은 대부분의 정부가 국민의 자료를 듣고 수집할 수 있는 권리가 있다는 것을 지지하며, 이 전제에 반대한다면 그런 국민이 잘못이라는 것이다. 실제로 주눅 든 대중의 그런 생각들을 통제하려는 나라에는 항상 기만적인 이야깃거리들이 있다(국가 안보, 테러, 공산주의 등). 그러므로 빅 브라더[4]는 이제 현실이 되었고 기술, 특히 클라우드 컴퓨팅은 그렇게 만드는 데 핵심적인 역할을 한다. 이는 클라우드 컴퓨팅으로 자료 분석 기술의 점점 더 정교해지면서 미래에 틀림없이 더 늘어날 것이다.

생산성

개인용 컴퓨터는 아주 짧은 시간에 사업과 일의 관행을 바꾸어놓았다. 1980년대 중반 필자의 첫 번째 직장에서는 종이에 보고서와 다양한 서류를 쓰고 나면 타이핑 부서Typing Pool에 넘겼다. 얼마 후에, 어쩌면 며칠 만에 교정을 위해서 타이핑된 보고서를 받게 된다. 읽고 나서 오타나 고치고 싶은 것이 있으면 수정된 보고서를 다시 타이핑 부서에 보낸다. 마지막으로 보고서가 만족스러우면 사인을 해서 배포하도록 한다. 보고서는 배포 목적으로 복사된다. 모든 과정은 길고 번잡했다. 오늘날에는 타이핑 부서라는 것이 없다. 배포 과정 역시 이메일을 통해 즉각적으로 이루어진다. 이 모든 것이 컴퓨터 덕분이다.

1990년대 사업장에서 개인용 컴퓨터의 사용이 점점 더 늘어났고, 결국은 많은 사업 처리 과정을 대체한 혁명 같은 것이 일어났다. 발표, 보고서, 스프레드시트를 이용한 분석, 이 모든 것이 직장 풍경을 완전히 바꿔놓았고, 생산성 향상이 뒤따랐다. 그 결과, 1990년대 중반에 시작되어 2000년대 인터넷 열풍으로 끝난 주식시장의 상승이 있었다. 클라우드 컴퓨팅은 개인용 컴퓨터가 그랬듯이 사업의 속도를 빠르게 할 뿐 아니라 더 커다란 자동화를 가능하게 한다. 프로세스를 자동화하고, 새로운 응용 프로그램을 만들거나 사업 서비스를 사용하려는 모든 사업체는 컴퓨팅 기반 시설에 투자할 필요가 없다. 그 대신 월 단위 지불 계약을 이용해 곧바로 엄청나게 큰 확장성이 있는 컴퓨팅 기반 시설을 둘 수 있다. 이런 기술과 함께 많은 사업 기능들이 자동화되었거나 될 것이다. 그 결과, 직장에서의 생산성 향상, 그 결과로 또 한 번의 주식시장 상승을 기대할 수 있다. 얼마간은 업무의 추방으로 인한 사회적 반향이 있을 수 있다. 그러나 대체 탄력성 Elasticity of Substitution[5]이라는 경제 이론이 맞는 한, 새로운 종류의 일자리들이 만들어져 오래되거나 과정과 관련된 일들을 대체할 것이다.

사업 확장성

기술은 지구를 훨씬 작은 곳으로 만들었다. 과거에는 새로운 사업이 일정 규모가 되기까지 몇 년이 걸렸지만, 이제는 몇 달 만에 그 규모에 도달한다. 이는 기술에만 국한되지 않는다. 기술로 주어진 범위와 규모는 예술가, 작가, 소매상, 제조업체, 사람들과 사업들에 의해 활용되었다. 예를 들어 『해리 포터 Harry Potter』의 저자 조앤 K. 롤링 Joanne K. Rowling을 보면 그녀의 시장은 전 세계에 걸쳐 있었고, 넓은 시장 덕분에 그녀는 과거의 어느 작가보다 더 많은 돈을 벌었다. 또 다른 예는 음악 산업이다. 넷플릭스 Netflix, 아마존 프라임 Amazon Prime, 애플 아이튠스 Apple iTunes, 구글 플레이 Google Play로 전 세계 어디에서든 음악을 들을 수 있게 되면서 음악가들은 순식간에 전 세계에 도달할 수 있다. 클라우드 컴퓨팅, 자동화된 사업 처리 과정, 정보 가용성은 전 세계적으로 확산될 것이다. 이는 클라우드 컴퓨팅이 사업가들에게 새로운 사업을 빨리, 최소한의 재무적 비용으로 착수하는 가장 좋은 방법이 되는 이유이다.

부록: 백업 방식

이 부록에서는 백업이라는 말의 뜻을 알기 위해 우선 파일 세트Fileset를 정의한 다음 전체Full, 차등Differential, 증분Incremental 이라는 세 가지 백업 방식에 대해 생각해본다.

파일 세트

일반적으로 저장 파일의 체제에는 파일 계층File Hierarchy이라는 것이 있다. 계층은 나무 모양 구조의 색인들로 구성되어 있다. 하나의 색인은 또 다른 색인들, 파일들, 또는 파일 체제를 가지고 있다. 파일 세트는 파일을 백업 목적으로 골라내거나, 각각 읽고 쓰도록 허가하기 위해 파일 체제를 잘게 쪼개는 수단을 제공한다. 그러므로 백업 파일 세트란 백업을 위해 골라놓은 파일과 색인 묶음이다.

전체 백업

전체 백업은 백업을 실행할 때마다 전체 파일 세트를 백업

하는 것이다. 전체 백업의 장점은 모든 파일과 색인이 하나의 백업 묶음에 백업되므로 특정 파일을 찾기가 쉽고, 되찾을 필요가 있을 때 그 파일들과 색인들을 하나의 백업 묶음으로부터 쉽게 회수할 수 있다는 것이다. 단점은 다른 백업 방식들보다 시간이 더 걸리고 더 많은 장소를 필요로 한다는 것이다.

차등 백업

차등 백업은 마지막 백업 후 변경된 파일들을 백업하는 것이다. 전체 백업과 차등 백업은 파일 세트 안에 바뀐 것과 바뀌지 않은 것 모두를 포함하게 된다. 차등 백업의 장점은 증분 백업보다 작은 장소를 필요로 하고, 전체 그리고 증분 백업에 비해 백업 시간이 빠르다는 점이다. 단점은 전체 백업보다 회수 시간이 상당히 길다는 것인데, 마지막 차등 백업과 전체 백업 둘 다를 회수하기 때문이다. 또 개별 파일과 색인을 회수하는 데도 시간이 더 걸리는데, 차등 그리고 전체 파일 세트 속에서 찾아야 하기 때문이다.

증분 백업

증분 백업은 마지막 증분 백업 이후 변경되었거나 새로운 파일들에 대한 백업을 제공한다. 첫 번째 증분 백업은 파일 세트 안의 모든 파일들을 백업하므로 전체 백업을 실행하는 것이다. 후속의 증분 백업은 앞선 백업 이후 바뀐 파일들만 백업한다. 장점은 백업 시간이 전체 백업에 비해 빠르고, 다른 백업 방식들보다 작은 장소를 필요로 하며, 여러 백업 묶음 속에 동일한 파일의 여러 버전을 보관할 수 있다는 것이다. 단점은 모든 파일을 회수하려면 모든 증분 백업들이 사용 가능해야 하므로 어느 특정 파일 또는 색인을 회수하는 데 더 많은 시간이 걸린다는 것인데, 마지막 버전을 찾기 위해 하나 이상의 백업 묶음을 조사해야 하기 때문이다.

백업과 기록 보관의 차이

백업은 현재 사용 중인 일상의 자료 또는 운영 자료의 신속한 회수를 위한 것이다. 기록 보관은 정기적으로 사용하지는 않지만 규정상 또는 법 준수 목적으로 보관하려는 자료를 저장하기 위한 것이다. 백업은 재난 발생 시에 재작동되어야 하므로 회복 속도가 중요한 반면, 기록 보관은 필요한 정보를 찾아내는 신속한 조사 능력이 훨씬 중요하다. 이 차이점을 통해 백업은 자주 변경되는 자료에 정기적으로 실행된다는 것을 알 수 있다. 그러나 기록 보관용 자료는 자주 변경되지 않으므로 기록 보관 일정이 백업 일정보다 자주 이루어질 필요가 없다. 그래서 백업 묶음은 주와 월 단위로 기간이 설정되는 데 비해, 기록 보관은 몇 년 또는 몇십 년 단위의 보관 기간을 갖는다.

백업 순환

백업 순환Backup Rotation은 백업 매체 비용이 비싸고, 백업을
위해 테이프를 사용할 때 재사용으로 닳아 없어지는 문제가
생겼던 시절에 비롯되었다. 백업 저장용 디스크를 사용하는
요즘은 그 비용이 저렴해졌으며, 무엇이 잘못되었는지 관찰하
기가 쉬워졌다. 백업 순환은 클라우드 저장 및 백업 서비스 제
공자에게 적당한 방법이다. 그러나 테이프를 교환하는 순환
방식의 개념은 하나의 클라우드 백업 제공자에게 의존하지 않
는 백업 방식을 위해 클라우드 서비스에도 적용될 수 있다.

백업 순환의 주목적은 백업 자료를 위해 사용되는 저장 매
체의 양을 최소화하는 것이다. 이 방식은 백업 작업이 언제 어
떻게 돌아가는지, 얼마 동안 보관되는지 정한다. 이 책의 목적
은 백업 매체 사용의 최소화보다는 하나의 장소 또는 클라우
드 백업 제공자에게 의존하는 위험을 최소화하는 것이다. 가
장 흔한 순환 방식으로는 선입·선출법First In, First Out: FIFO, 조부-
부-자Grandfather-Father-Son, 하노이 타워Tower of Hanoi 방식 등이 있
다. 클라우드 기반의 백업 서비스 제공자 관점에서 앞의 두 가
지를 논의해보기로 한다.

예를 들어 선입·선출 순환 방식을 일주일 단위로 수행하기
로 한다면, 일곱 개의 테이프를 써서 매일 새로운 테이프로 전
체 백업을 하는 것이다. 그러면 8일째에는 첫날 썼던 테이프

를 재사용하고, 9일째에는 둘째 날 썼던 테이프를 쓰는 것이다. 클라우드에서 제공자 1, 제공자 2로 불리는 두 개의 다른 클라우드 백업 제공자를 지정한다고 가정해보자. 전체 백업 방식을 따르고 싶으면 하루걸러 각 백업 제공자에게 백업을 하는 것이다. 그러므로 첫날에 제공자 1을 써서 전체 백업을 하고, 둘째 날에는 제공자 2를 써서 전체 백업을 하는 것이다. 그러나 차등 백업에서는 어느 주의 첫날에 제공자 1과 전체 백업을 하고 그 주의 마지막 날까지 차등 백업을 한다. 그리고 두 번째 주에는 제공자 2를 써서 같은 방식으로 하는 것으로, 주 단위로 제공자 1과 2를 교대한다.

조부-부-자 순환 방식은 월-주-일 순환 방식이다. 세 명의 클라우드 제공자를 지정하는데, '조부' 백업 클라우드는 월 단위 백업을, '부' 백업 클라우드는 주 단위 백업을, '자' 백업 클라우드는 일 단위 백업 묶음을 가진다.

용어 해설

공개 클라우드(Public Cloud)
많은 개체가 공유하는 클라우드 컴퓨팅의 한 가지 형태. 그 개체는 조직, 사람, 또는 물건일 수 있다. 공개 클라우드는 수요에 따라 개체들의 사용을 위해 컴퓨팅 자원들이 통합되도록 한다.

공동체 클라우드(Community Cloud)
동일한 수요와 사용 목적을 지닌 사람들의 제한된 집단을 타깃으로 한 공유된 클라우드 컴퓨팅 서비스. 사업 수요(준수 요구), 개인 수요(취미 또는 연금)부터 사회적 수요(국가 또는 민족)까지 다양할 수 있다.

기반 시설 서비스(Infrastructure as a Service: IaaS)
서비스로서의 기반 시설이다. '서비스 모델' 참조.

다중 임차(Multi-tenancy)
클라우드 서비스의 여러 사용자들에게 공유되는 공동의 서비스를 제공하려는 목적으로 소프트웨어, 저장소, 가상 기계 등과 같은 실제 자원 또는 가상 자원을 통합하는 것이다.

로드맵(Roadmap)
클라우드 부분품을 개선·갱신하기 위한 미래 계획을 말한다.

변화 관리(Change Management)
사안·중단·재작업을 줄이는 동안 벌어지는 서비스 또는 서비스 요소의 추가·변형·제거를 관리하는 것이다.

복합(Composition)
'○○을 가졌다'의 관계를 말한다. 자동차는 운전대, 바퀴, 보닛, 문 같은 여러 분명한 것들의 복합이다. 각 단위는 분명한 속성과 내용물을 지닌 복합된 실체를 만들어낸다.

사업 과정 서비스(Business Process as a Service: BPaaS)
서비스로서의 사업 과정이다. '서비스 모델' 참조.

사적 클라우드(Private Cloud)
단 하나의 개체만 사용하는 클라우드 서비스 형태. 그 개체는 조직, 사람, 또는 물건일 수 있다. 사적 클라우드는 수요에 따라 그 해당 개체가 쓰는 클라우드 서비스들에만 클라우드 컴퓨팅 자원이 공유되도록 한다.

상호 운용성(Interoperability)
다른 클라우드 서비스 제공자들의 같은(또는 비슷한) 클라우드 서비스를 이용하는 능력. 대금 청구, 관리, 보고서, 자료, 응용 프로그램 또는 프로세스 기능이 있어야 한다.

서비스(Service)
최종 사용자 또는 소비자에게 가치를 제공하기 위해 함께 작동하는 전산 시스템, 부분품, 자원들의 모음을 말한다. '클라우드 서비스' 참조.

서비스 모델(Service Model)
클라우드 컴퓨팅에는 기반 시설 서비스, 플랫폼 서비스, 소프트웨어 서비스, 정보 서비스, 사업 과정 서비스라는 다섯 가지 서비스 모델이 있다. 서비스 모델은 사용하거나 만들 수 있는 클라우드 서비스의 형태들이다.

서비스 수준 계약(Service Level Agreement: SLA)
통상 문서로 작성된 서비스 소비자와 제공자 사이의 계약으로, 서비스가 얼마나 빨리 전달되는지(언제)와, 품질(무엇을)과 그 범위(어디서, 얼마나 많이)를 정한다.

서비스 수준 목표(Service Level Objective: SLO)
서비스 수준 계약 또는 운영 수준 계약을 맞추는 데 요구되는 성과를 측정하기 위해 서비스 제공자가 사용하는 지표를 말한다.

소프트웨어 서비스(Software as a Service: SaaS)
서비스로서의 소프트웨어이다. '서비스 모델' 참조.

신 클라이언트(Thin Client)
기기, 응용 프로그램 또는 서비스를 가리킨다. 신 클라이언트는 응용 프로그램이 없다. 클라우드 서비스 내의 원격 응용 프로그램 또는 서비스에 접속하기 위해 신 클라이언트를 사용한다. 신 클라이언트용 응용 프로그램이나 서비스는 서버(전통 방식)에 있거나 클라우드에 담겨 있어 신 클라이언트든 팻 클라이언트(fat client)든 모두 접속이 가능하다.

연합(Federation)
별도의 다른 클라우드나 클라우드 셀과 제휴해 복합 클라우드 서비스를 만드는 것이다. 일반적으로는 여러 클라우드 서비스 제공자들로 형성되지만, 제3자의 클라우드뿐 아니라 본인 고유의 클라우드들의 혼합물일 수도 있다.

완숙도 모델(Maturity Model)
클라우드 서비스를 사용·관리하는 완숙도를 측정하는 모델로, 개선해야 할 분야를 가르쳐준다. 분명한 기준 대상들의 모범 사례에 따라 당신 조직의 방법과 프로세스를 평가하도록 해준다.

운영 수준 계약서(Operational Level Agreement: OLA)
최종 소비자에게 서비스를 제공하는 조직 내 내부 수요자와 제공자 사이의 내부 계약이다.

운영비용 / 일반관리비(Operating Expenditure: OpEx)
클라우드 서비스를 사용할 때 발생하는 지속적인 운영비용을 말한다. '실행비용 (Runtime Costs)' 또는 '반복비용(Recurring Costs)'이라고도 한다.

자본비용(Capital Expenditure: CapEx)
제품이나 서비스를 만들기 위해 당신 또는 제3자가 부담하는 선불비용. '집행비용 (Implementation Costs)' 또는 '비반복비용(Non-recurring Costs)'이라고도 한다.

전달 모델(Delivery Model)
전산 부서가 사업 수요를 맞추도록 전 세계에 걸쳐 적합한 기술들과 전반적인 과정, 방법, 품질을 효율적으로 합쳐놓은 것이다.

정보 서비스(Information as a Service: INaaS)
서비스로서의 정보이다. '서비스 모델' 참조.

제로 클라이언트(Zero Client)
운영체제와 브라우저가 하드웨어에 심어져 있다는 점을 제외하면 신 클라이언트와 비슷하다.

총합(Aggregation)
'○○은 ○○이다'의 관계를 말한다. 다시 말해 숲은 나무들의 총합이라는 이야기이다. 여기에 깔려 있는 가정은 모든 나무들의 속성 또는 재질이 같다는 것이다. 나무들이 여러 형태이고 사용되는 기능이 여러 가지라면 총합이 아니며, 이런 관계는 복합이라고 한다.

캡슐화(Encapsulation)
클라우드 서비스의 복합 또는 총합을 뜻한다. 이 개념은 한 주체가 다른 것을 캡슐화할 수 있는 목적 지향 프로그래밍으로부터 도출되었다.

클라우드 서비스(Cloud Service)
서비스의 최종 소비자에게 사업 가치를 제공하는(관련 있는 기능적 부분품들과 자원들의 한 묶음으로) 사업 과정의 실행이다.

클라우드 셀(Cloud Cell)
한 개의 사업 또는 기술적 기능을 행하는 확실한 클라우드 서비스를 보여주기 위해 이 책에서 논의한 새로운 개념이다. 클라우드 내 작은 서비스의 실행일 수도 있다. 여러 클라우드 셀이 모여 종합적이고 독창적인 클라우드 서비스를 제공할 수 있다. 클라우드 셀은 다른 셀들과 복합, 캡슐화, 연합 같은 관계를 맺는다.

클라우드 파열(Cloud Bursting)
또 다른 클라우드의 자원을 사용하기 위해 순간적으로 움직이는 클라우드 서비스 또는 응용 프로그램이다.

탄력성(Elasticity)
수요가 높을 때 클라우드 서비스를 늘리고, 적을 때 줄이기 위해 수평적 확장성을 사용하는 것이다.

플랫폼 서비스(Platform as a Service: PaaS)

서비스로서의 플랫폼이다. '서비스 모델' 참조.

현재성(Currency)

기술적으로 현재와 얼마나 가까운 컴퓨터 자원인가를 뜻한다. 현재성은 소프트웨어의 버전 번호 또는 하드웨어의 세대로 표현된다.

혼합형 클라우드(Hybrid Cloud)

클라우드 서비스 사용 및 관리에 대한 전략 지향적이고 협력적인 접근에 기반을 둔 사적·공개 클라우드의 조합이다.

ITIL(Information Technology Infrastructure Library)

정보기술 기반 설비 창고이다. 전달 목적보다는 운용 시각에서 개념 정의, 개발, 관리, 전달, 발전이라는 전산 서비스의 전 라이프 사이클을 안내하는 틀이다. ITIL은 전산 서비스 관리에 대해 모범적인 조언을 제공하기 때문에 지시적이기보다는 설명적이다.

주

1 들어가기

1. Peter Mell and Timothy Grance, "The NIST Definition of Cloud Computing" (draft), http://www.nist.gov/customcf/get_pdf.cfm?pub_id=909616(검색일: 2005. 11.12).

2. Michael Armbrust, Armando Fox, Rean Griffith, Anthony D. Joseph, Randy H. Katz, Andrew Konwinski, Gunho Lee, David A. Patterson, Ariel Rabkin, Ion Stoica and Matei Zaharia, "Above the Clouds: A Berkeley View of Cloud Computing"(University of California at Berkeley, February 10, 2009).

2 클라우드 컴퓨팅의 형태

1. GPRS는 지속적으로 인터넷에 연결해주는 무선통신 서비스이다.

2. 한계효용 체감의 법칙이라고도 하는 고센의 제1법칙은, 사용되는 재화의 수량이 증가할수록 재화의 추가분에서 얻는 효용은 이전보다 감소한다는 것이다.

3. 1994년에 발간된 책 『디자인 패턴(Design Patterns)』의 저자 네 명(Erich Gamma, Richard Helm, Ralph Johnson, John Vlissides)을 가리킨다. 『디자인 패턴』은 소프트웨어 패턴에 대한 권위 있는 안내서가 된 중요한 책이다.

3 클라우드 컴퓨팅: 패러다임의 대전환?

1. '하이프 커브'는 IT 리서치 기업 가트너에서 개발한 그래프로, 새로운 기술이 다섯 단계에 걸쳐 채택·성숙되어 가는 주기를 설명한다. 다섯 단계의 주기는 다음과 같다. (1) 기술 도입기, (2) 기대 고조기, (3) 환멸·침체기, (4) 이해의 상승기, (5) 생산성 안정기.

2. 사용 예는 방법론적으로 서비스 또는 시스템의 요구 사항을 확인하고 조직한다. 사용 예는 어떤 특정한 환경과 목적하에서 서비스와 개인 간 상호 작용의 가능한 결과물 묶음이다. 클라우드 서비스의 비공식적 사용 또는 요구 사항 역

시 사용 예로 다루어진다.

4 가격과 가치 모델

1. 1960년대에 보스턴 컨설팅 그룹의 브루스 핸더슨(Bruce Henderson)이 개발한 것으로, 경험 곡선은 다양한 산업 분야에 적용되었다.

5 보안과 관리

1. 음성 인식은 신원 확인뿐 아니라 인증에도 쓰일 수 있다. 신원 확인은 말하는 누군가의 신원을 확인하는 것이고, 인증은 말하는 사람의 신원이 맞는지를 검증하는 것이다. 두 경우 모두 음성 인식에서 확인과 검증을 위해 개인의 목소리를 측정하는데, 목소리가 개인마다 다르기 때문이다.
2. 쿠키는 인터넷 브라우저가 사용하는 문자 파일에 저장되고, 여러 사이트를 오가더라도 지속되도록 웹사이트에 의해 활용된다. 추적 쿠키는 출입을 기록해 브라우저의 사용 기록을 추적하고 그 정보를 쿠키 설계자에게 보낸다. 모든 추적 쿠키가 악의적인 것은 아니지만 그렇게 악용될 수 있다.
3. Erika McCallister, Tim Grance and Karen Scarfone, "Guide to Protecting the Confidentiality of Personally Identifiable Information(PII)"(NIST Special Publication 800-122, April 2010).
4. VoIP는 인터넷 방식의 음성 전화를 말한다. 인터넷으로 음성 정보를 발송해 페이스타임, 스카이프 같은 소프트웨어로 대화할 수 있다.
5. 펌웨어는 장치 안에 설치되어 의도된 대로 기능하게 만드는 전기신호를 제공하는 소프트웨어를 가리킨다. 펌웨어는 장치의 수명 기간에 거의 변경되지 않는다. 어떤 펌웨어는 지워지지 않는 메모리(비휘발성 메모리)에 영구적으로 설치되어 제조 후에 변경할 수 없다.

6 모범 사용 사례 1: 기반 시설 서비스와 플랫폼 서비스

1. 운영체제와 연결 소프트웨어만 설치되어 있는 기기로, 클라우드에 있는 응용 프로그램에 접근하는 데 사용된다. 크롬북이 신 클라이언트 기기의 예이다.
2. 하드웨어에 연결 가능한 최소한의 빈 CPU만 갖고 있으며, 운영체제와 응용 프로그램은 클라우드에 있다.
3. 대부분 또는 모든 기능을 외부 자원의 도움 없이 독립적으로 실행한다. 반면에 신 클라이언트 응용 프로그램은 스스로 처리하는 것이 거의 없고 서버에 의존하는데, 이것은 처리해야 할 입력 자료를 서버에 제공하는 도관 역할을 할 뿐이다.
4. IDE는 소프트웨어 개발을 위한 편의를 제공하는 응용 프로그램이다. IDE는

일반적으로 소스 코드 편집기, 조립 자동화 도구, 컴파일러, 번역기, 디버거 등으로 구성되어 있다. 또한 비주얼 프로그래밍, 코드 분석, 시험기 등을 추가로 제공한다.
5. 응용 프로그램의 일부분으로 한 가지 과업만 수행하는 서비스를 마이크로서비스라고 부른다. 클라우드 컴퓨팅에서 클라우드 셀이 그러한 마이크로서비스를 제공하는 데 사용된다.

7 모범 사용 사례 2: 소프트웨어 서비스
1. 어콰이어링 은행(Acquiring Bank)으로도 알려져 있는데, 어콰이어러(Acquirer)는 제품이나 서비스에 대해 상인에게 지불을 처리한다.

10 클라우드로의 이행
1. 전략이란 확실하며 측정 가능한 목적을 달성하기 위해 설계된 계획을 따르는 실행 가능한 행동 순서라고 가장 잘 정의되어 있다.
2. 중앙 전산 부서의 명백한 인식과 승인 없이 사업 부문이 사용하는 서비스를 말한다.
3. 자세한 내용을 알고 싶다면 마이클 해머와 제임스 챔피가 쓴 『리엔지니어링 기업혁명(Reengineering the Corporation)』을 읽어보기 바란다.

11 미래 전망
1. GPS는 미국 위성 기반의 서비스로, 네 개 이상의 위치 추적 위성에 시야를 가로막는 장애물이 없는 한 지구상 어느 곳에서든 위치와 시간 정보를 제공한다. 비슷한 시스템이 러시아(GLONASS), 중국(BeiDou), 인도(IRNSS), 유럽(Galileo)에서 개발 중이다.
2. NFC는 당신이 근처에 있으면 찾아내 신원을 확인하고 즉각적인 지불이 가능하도록 한다.
3. Pankaj Ghemawat, "Building Strategy on the Experience Curve," *Harvard Business Review*, Vol.63, No.2 (March-April 1985) 참조.

12 후기: 저자의 생각
1. Edward Bernays, *Propaganda* (Routledge, 1928) 참조.
2. Robert Thouless, *Straight and Crooked Thinking* (chapter 7, 2011 edition; chapter 3, original 1930 edition) 참조. 이 책의 저자는 논쟁과 관계없는 주장을 부정직한 연장술로 간주한다.
3. 카를 마르크스(Karl Marx)는 "종교는 인민의 아편이다"라는 말을 남겼다. 19세

기에는 이 말이 사실이었겠지만, 필자의 의견으로는 오늘날 쾌락적인 시대에
서는 스포츠와 섹스가 새로운 아편이 되었다.

4. 조지 오웰(George Orwell)의 『1984』라는 책에서 빅 브라더는 국민들을 위한
   다는 명분 아래 그들을 끊임없이 관찰하고 감시하는 전체주의 국가의 지도자
   이다.

5. '대체 탄력성'에 대한 경제적 해석은 자본과 노동력이 생산과정에서 아주 효율
   적인 이동성을 지닌다는 것이다. 그러므로 향상된 생산성 때문에 풀려난 자본
   과 운영비용 기반 가격제의 클라우드 컴퓨팅은 더 많은 일자리를 만들어낸다
   고 할 수 있다.

더 읽을거리

클라우드 컴퓨팅 도서

대부분의 클라우드 컴퓨팅 책들은 기술적 관점에서 클라우드 컴퓨팅을 뒷받침하는 기술들과 응용 프로그램들을 깊게 들여다보며, 몇몇 책들은 클라우드 컴퓨팅의 사업 측면을 살펴보기도 한다.

Bahga, Arshdeep and Vijay Madisetti. 2013. *Cloud Computing: A Hands-On Approach.* CreateSpace.

Erl, Thomas. 2013. *Cloud Computing: Concepts, Technology and Architecture.* Englewood Cliffs, NJ: Prentice Hall.

Fehling, Cristoph. 2014. *Cloud Computing Patterns: Fundamentals to Design, Build, and Manage Cloud Applications.* Vienna: Springer.

Gautam, Shroff. 2010. *Enterprise Cloud Computing: Technology, Architecture, Applications.* Cambridge, UK: Cambridge University Press.

Hugos, Hulitzky. 2010. *Business in the Cloud.* Hoboken, NJ: Wiley.

Kavis, Michael. 2014. *Architecting the Cloud.* Hoboken, NJ: Wiley.

Mulholland, Andy and Jon Pyke. 2010. *Enterprise Cloud Computing: A Strategy Guide for Business and Technology Leaders.* Tampa, FL: Meghan-Kiffer Press.

Rafaels, Ray. 2015. *Cloud Computing: From Beginning to End.* CreateSpace.

Rhoton, John. 2009. *Cloud Computing Explained*, 2nd ed. London: Recursive Press.

Sosinsky, Barrie. 2011. *Cloud Computing Bible.* Indianapolis, IN: Wiley.

Weinman, Joe. 2012. *Cloudonomics: The Business Value of Cloud Computing.* Hoboken, NJ: Wiley.

기타 도서

다음의 책들은 기술의 넓은 사회적 영향과 정치적 측면을 잘 이해하기 위해 읽을

필요가 있다. 리처드 브레리(Richard Brealy) 등이 쓴 기업 재무에 관한 책은 돈의
시간적 가치에 기준을 둔 유틸리티 가격 모델의 파생을 알기 위해 읽어볼 만하다.

Bernays, Edward. 1928. *Propaganda*. New York: Horace Liveright.

Brealy, Richard, Stewart Myers and Alan Marcus. 2011. *Fundamentals of Corporate
    Finance*, 7th ed. Boston: McGraw-Hill.

Brynjolfsson, Erik and Andrew McAfee. 2014. *The Second Machine Age: Work, Pro-
    gress, and Prosperity in a Time of Brilliant Technologies*. New York: Norton.

Hayek, F. A. 2003. *The Road to Serfdom*. London: Routledge Classics.

Orwell, George. 1949. *Nineteen Eighty-Four*. New York: Harcourt Brace.

Samuelson, Paul, and William Nordhaus. 2009. *Economics*, 19th ed. Boston: McGraw-
    Hill.

Thouless, Robert. 1932. *Straight and Crooked Thinking*. New York: Simon and
    Schuster.

블로그와 웹사이트

클라우드 컴퓨팅을 이끄는 기술, 표준, 정책에 대한 폭넓은 관점을 보여주는 다양
한 웹사이트가 다음에 열거되어 있다.

A Hacker's Perspective Blog. http://blog.dt.org

Association of Computer Machinery. https://www.acm.org

Forrester Research. https://www.forrester.com/home

Free Software Foundation(FSF). https://www.fsf.org

Gartner Technology Research. http://www.gartner.com/technology/home.jsp

National Institute of Standards and Technology(NIST), Information Technology Lab.
    http://www.nist.gov/itl/cloud/index.cfm

The Open Group Open Platform 3.0™ Forum. http://www.opengroup.org/subjectareas/
    platform3.0

기술 소식 웹사이트

다음 사이트들은 빠른 속도의 클라우드 컴퓨팅, 그리고 관련 기술들의 최근 발전
을 관찰하는 데 유용하다.

Ars Technica. http://arstechnica.com

CNet. http://www.cnet.com

InfoWorld. http://www.infoworld.com
ReadWrite. http://readwrite.com
TechCrunch. http://techcrunch.com
The Register. http://www.theregister.co.uk
Ziff-Davis Technology News Network. http://www.zdnet.com

지은이 ┃ 나얀 루파렐리아(Nayan B. Ruparelia)

영국의 기업가이자 최고 기술 경영자이다. 30여 년간 기술 분야에 종사했고, 2007 년부터 2015년까지는 휴렛패커드 사의 최고 기술 책임자로 근무했다.

옮긴이 ┃ 전주범

서울대학교 상과대학 및 미국 일리노이 주립대학교에서 경영학을 공부했다. 1997 년부터 1999년까지 대우그룹 시절에 (주)대우전자의 마지막 대표이사였고, 그 후 서울대학교 공과대학 그리고 한국예술종합학교에서 교수로 재직하면서 후학을 양 성했다.

MIT 지식 스펙트럼

일상을 바꾼 클라우드 컴퓨팅

지은이 **나얀 루파렐리아** ┃ 옮긴이 **전주범** ┃ 펴낸이 **김종수** ┃ 펴낸곳 **한울엠플러스(주)**
편집 **이수동 · 정경윤**

초판 1쇄 인쇄 2017년 9월 15일 ┃ 초판 1쇄 발행 2017년 9월 30일

주소 10881 경기도 파주시 광인사길 153 한울시소빌딩 3층
전화 031-955-0655 ┃ 팩스 031-955-0656
홈페이지 www.hanulmplus.kr ┃ 등록번호 제406-2015-000143호

Printed in Korea.
ISBN 양장: 978-89-460-6389-1 03560
     반양장: 978-89-460-6390-7 03560
* 책값은 겉표지에 표시되어 있습니다.